普通高等学校工程训练"十四五"规划教材

普通高等学校工程训练精品教材

工程训练——智能产线分册

主　编　易奇昌

副主编　张朝刚　周　乐　徐　刚

U0183705

华中科技大学出版社

中国·武汉

内 容 简 介

本书以智能制造产线为核心,结合工程训练实践教学需求,规划各章节内容。

第1章介绍了智能制造相关基本知识,分析了智能产线的构成要素,并结合典型智能产线介绍了其总体布局及特点。

第2章重点围绕智能产线的构建展开,从工艺分析到装备选型,再到产线布局和规划实施,最后到应用调试,全面展现了智能产线成型和应用的全过程。

第3章以数字孪生技术应用为核心,围绕智能产线的虚拟构建和调试展开介绍。

第4章重点围绕智能产线在实际使用过程中的运行和管理要求进行介绍,展示了典型智能产线的运行准备、订单管理以及生产跟踪和管理等相关过程。

图书在版编目(CIP)数据

工程训练. 智能产线分册/易奇昌主编. —武汉:华中科技大学出版社,2024.4
ISBN 978-7-5772-0600-4

Ⅰ.①工… Ⅱ.①易… Ⅲ.①机械制造工艺 Ⅳ.①TH16

中国国家版本馆 CIP 数据核字(2024)第 076913 号

工程训练——智能产线分册   易奇昌   主编
Gongcheng Xunlian——Zhineng Chanxian Fence

策划编辑:余伯仲
责任编辑:王 勇
封面设计:廖亚萍
责任监印:朱 玢
出版发行:华中科技大学出版社(中国·武汉)   电话:(027)81321913
      武汉市东湖新技术开发区华工科技园   邮编:430223
录   排:武汉市洪山区佳年华文印部
印   刷:武汉市洪林印务有限公司
开   本:710mm×1000mm 1/16
印   张:5.25
字   数:128 千字
版   次:2024 年 4 月第 1 版第 1 次印刷
定   价:19.80 元

普通高等学校工程训练"十四五"规划教材

普通高等学校工程训练精品教材

编写委员会

主　　任：王书亭（华中科技大学）

副主任：（按姓氏笔画排序）

于传浩（武汉工程大学）　　　　刘怀兰（华中科技大学）

江志刚（武汉科技大学）　　　　李　波（中国地质大学（武汉））

李玉梅（湖北工程学院）　　　　吴世林（中国地质大学（武汉））

吴华春（武汉理工大学）　　　　沈　阳（湖北大学）

张国忠（华中农业大学）　　　　罗龙君（华中科技大学）

孟小亮（武汉大学）　　　　　　贺　军（中南民族大学）

夏　新（湖北工业大学）　　　　漆为民（江汉大学）

委　　员：（排名不分先后）

徐　刚　吴超华　李萍萍　陈　东　赵　鹏　张朝刚

鲍　雄　易奇昌　鲍开美　沈　阳　余竹玛　刘　翔

段现银　郑　翠　马　晋　黄　潇　唐　科　陈　文

彭　兆　程　鹏　应之歌　张　诚　黄　丰　李　兢

霍　肖　史晓亮　胡伟康　陈含德　邹方利　徐　凯

汪　峰

秘　　书：余伯仲

前　言

2015年5月，国务院印发《中国制造2025》，全面推进实施制造强国战略，文件明确提出，要以加快新一代信息技术与制造业深度融合为主线，以推进智能制造为主攻方向，实现制造业由大变强的历史跨越。加快发展智能制造，是培育我国经济增长新动能的必由之路，是抢占未来经济和科技发展制高点的战略选择，对于推动我国制造业供给侧结构性改革，打造我国制造业竞争新优势，实现制造强国具有重要战略意义。

作为高校人才培养的重要专业基础课程，工程训练也产生了与智能制造深度结合的现实需求。作者在智能产线工程实践教学过程中进行了较长时间的探索研究，并将相关成果进行归纳总结。本书在介绍智能制造基本知识的基础上，围绕智能产线构建及调试、智能产线数字孪生应用以及智能产线运行与管理，系统介绍智能制造产线的具体应用。本书采用理论与案例相结合的形式，既有基础知识介绍，也有成熟案例解析，同时还通过数字化资源进行了相关拓展，十分有利于读者快速了解智能产线相关实践应用。

本书编写分工如下：第1章、第3章和第4章由华中科技大学易奇昌编写，第2章由江汉大学张朝刚、周乐编写。本书数字化资源由武汉高德信息产业有限公司提供。此外，在本书编写过程中，武汉大学陈东和华中科技大学李萍萍、林晗也给予了我们大力支持，在此一并表示衷心感谢。

智能制造相关技术发展日新月异，智能产线实践应用形态也必将愈加丰富，本书是作者结合教学实践形成的成果总结，但因作者水平有限，书中难免存在不妥之处，恳请读者包容、指正。

编　者

2023年10月

目　　录

第1章 智能制造系统认知

1.1 智能制造系统基础

1.1.1 智能制造的定义

工业和信息化部、财政部于 2016 年共同发布的《智能制造发展规划(2016—2020 年)》中对智能制造进行了定义,明确了智能制造是基于新一代信息通信技术与先进制造技术深度融合,贯穿于设计、生产、管理、服务等制造活动的各个环节,具有自感知、自学习、自决策、自执行、自适应等功能的新型生产方式。加快发展智能制造,是培育我国经济增长新动能的必由之路,是抢占未来经济和科技发展制高点的战略选择,对于推动我国制造业供给侧结构性改革,打造我国制造业竞争新优势,实现制造强国具有重要战略意义。

智能制造在其演进发展中可以总结出三大基本范式:以数字计算、感知、通信和控制为主要特征的数字化制造,以互联网大规模普及应用为主要特征的数字化、网络化制造,以及以新一代人工智能技术为主要特征的数字化、网络化、智能化制造。

1.1.2 智能制造的系统架构

工业和信息化部国家标准化管理委员会联合印发的《国家智能制造标准体系建设指南(2021 版)》中,建立了智能制造系统架构立方体模型,如图 1-1 所示。

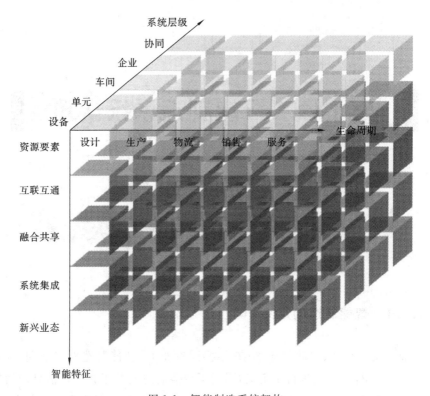

图 1-1 智能制造系统架构

智能制造系统架构从生命周期、系统层级和智能特征等 3 个维度对智能制造所涉及的要素、装备、活动等内容进行描述，主要用于明确智能制造的标准化对象和范围。

1. 生命周期

生命周期涵盖从产品原型研发到产品回收再制造的各个阶段，包括设计、生产、物流、销售、服务等一系列相互联系的价值创造活动。生命周期的各项活动可进行迭代优化，具有可持续性发展等特点。

2. 系统层级

系统层级是指与企业生产活动相关的组织结构的层级划分，包括设备层、单元层、车间层、企业层和协同层。

（1）设备层是指企业利用传感器、仪器仪表、机器、装置等，实现实际物理流程并感知和操控物理流程的层级。

（2）单元层是指用于企业内实现信息处理、监测和控制物理流程的层级。

（3）车间层是实现面向工厂或车间的生产管理的层级。

（4）企业层是实现面向企业经营管理的层级。

（5）协同层是企业实现其内部和外部信息互联和共享，实现跨企业间业务协同的层级。

3. 智能特征

智能特征是指制造活动具有的自感知、自决策、自执行、自学习、自适应之类功能的表征，包括资源要素、互联互通、融合共享、系统集成和新兴业态等 5 层智能化要求。

（1）资源要素是指企业从事生产时所需要使用的资源或工具及其数字化模型所在的层级。

（2）互联互通是指通过有线或无线网络、通信协议与接口，实现资源要素之间的数据传递与参数语义交换的层级。

（3）融合共享是指在互联互通的基础上，利用云计算、大数据等新一代信息通信技术，实现信息协同共享的层级。

（4）系统集成是指企业实现智能制造过程中的装备、生产单元、生产线、数字化车间、智能工厂之间，以及智能制造系统之间的数据交换和功能互连的层级。

（5）新兴业态是指基于物理空间不同层级资源要素和数字空间集成与融合的数据、模型及系统，建立的涵盖了认知、诊断、预测及决策等功能，且支持虚实迭代优化的层级。

1.1.3　智能制造系统相关核心技术

智能制造的基础是新一代信息通信技术与先进制造技术的深度融合，涉及的核心技术包括先进制造技术、物联网技术、工业机器人技术、人工智能技术、大数据技术、云计算技术以及系统集成技术等。

1. 先进制造技术

先进制造技术（advanced manufacturing technology，AMT）是指微电子技术、自动化技术、信息技术等先进技术与传统制造技术相结合而形成的新型制造技术，是在多学科、多技术融合贯通基础上建立的高效率先进技术，其融合了电子技术、信息收集与检测技术、自动控制技术、传感技术、现代管理技术、精密仪器技术等多种技术，具有高度集成性。

2. 物联网技术

物联网技术(internet of things,IoT)起源于传媒领域,是信息科技产业的第三次革命。物联网通过信息传感设备,按约定的协议,将任意物体与网络相连接,物体通过信息传播媒介进行信息交换和通信,以实现智能化识别、定位、跟踪、监管等功能。智能制造的最大特征就是实现万物互联,工业物联网是工业系统与互联网,以及高级计算、分析、传感技术的高度融合,也是工业生产加工过程与物联网技术的高度融合。

3. 工业机器人技术

工业机器人作为机器人的一种,主要由操作器、控制器、伺服驱动及传感系统组成,可以重复编程,对于提高产品质量,提高生产率和改善劳动条件起到了重要的作用。工业机器人的应用领域包括机器人加工、喷漆、装配、焊接以及搬运等。

4. 人工智能技术

人工智能技术的三大支撑技术是大数据技术、按照计划规则的有序采集技术、实现机器自我思考的分析和决策技术。新一代的人工智能技术在新的信息环境的基础上,把计算机和人相连,形成更强大的智能系统,来实现新的目标。人工智能技术正在从多个方面支撑着传统制造向智能制造迈进。

5. 大数据技术

工业大数据贯穿设计、制造、维修等产品的全生命周期,大数据技术涉及数据的获取、集成和应用等。智能制造的大数据分析技术包括建模技术、优化技术和可视技术等。大数据技术的应用和发展使得价值链上各环节的信息数据能够得到深入的分析与挖掘,使企业有机会把价值链上更多的环节转化为企业的战略优势。

6. 云计算技术

工业云平台打破了各部门之间的数据壁垒,让数据真正地流动起来,并使得人们能够发现数据之间的内在关联,使得设备与设备之间、设备与生产线之间、工厂与工厂之间无缝对接,实现生产过程监控,提高产品质量,帮助企业做出正确的决策,生产出最贴近消费市场的产品。

7. 系统集成技术

智能制造的系统集成是指在数据采集基础上,建立完善的智慧工厂生产管理系统,从硬件网络集成、信息数据集成以及业务流程集成等方面实现生产制造从硬件设备到软件系统,再到生产方法的全部生产现场上下游信息的互联互通与全面集成。系统集成体现出智能制造中新一代信息通信技术与先进制造技术深度融合后的新形态。

1.2　智能产线认知

1-1　智能产线
软硬件通信简介

1.2.1　智能产线构成要素及数字化要求

智能产线属于智能工厂中数字化车间的一部分,根据数字化车间通用技术要求规定,智能产线体系结构应包含基础层和执行层。基础层包括生产制造所必须的各种制造设备及生产资源,其中制造设备承担生产、检验、物料运送等任务,大量采用数字化设备,可自行进行信息的采集或执行指令;生产资源是生产用到的物料、托盘、工装辅具、人、传感器等,其本身不具备数字化通信能力,但可以借助条码、RFID(射频识别)等技术进行标识,参与生产过程并通过其数字化标识与系统进行自动交互。执行层主要包括车间计划与调度、生产物流管理、工艺执行与管理、生产过程质量管理、车间设备管理五个功能模块,对生产过程中的各类业务、活动或相关资产进行管理,实现车间制造过程的数字化、精益化及透明化。

智能产线的智能化应包含如下几个方面的要求。

(1) 数字化,包括制造设备和生产资源的数字化。

(2) 信息交互,包括通信网络以及数据采集与存储两个方面。

(3) 计划与调度,包括详细排产、生产调度以及生产跟踪等方面。

1-2　什么
是 RFID

(4) 生产过程质量管理,包括质量数据采集、质量监控、质量追溯和质量改进等方面。

(5) 生产物流管理,包括物流规划、物流调度及优化、物料领取与配送、车间库存管理等。

(6) 设备管理,包括设备运行数据采集、状态可视化、异常预警、设备维修维护等。

1.2.2　典型智能产线的总体布局及特点解析

现以华中科技大学智能制造产线为例解析智能产线的总体布局及相关特点。华中科技大学智能制造产线总体布局如图 1-2 所示。

图 1-2　华中科技大学智能制造产线

智能制造产线分为大产线和小产线两个层级。大产线主体构成包括智能生产单元、清洗检测打标装配单元、物流仓储单元和中央控制单元。小产线属于智能生产单元，共包括 5 条车铣混合加工产线。

大产线按照功能分区进行布局，整体呈直线布置。智能生产单元和物流仓储单元分列两端；清洗检测打标装配单元布局在中部，负责已完成机加工工件的超声波清洗、质量检测、激光打标加工和组装成型。生产过程中物料的流转通过 AGV（自动导引运输车）运送和倍速链运输相结合的方式完成。

5 条车铣混合加工小产线的设备构成和布局保持一致，其中的设备构成包括 1 台五轴加工中心、1 台斜床身数控车床、1 台带直线导轨的六关节工业机器人、1 个机器人夹具快换台（含 3 套夹具）、1 个线边仓库以及 1 套双工位定位台。小产线的布局上，带直线导轨的工业机器人位于中部，机器人直线导轨一侧布置五轴加工中心和机器人夹具快换台，导轨尽头布置数控车床，导轨另一侧布置双工位定位台和线边仓库。整体呈 U 形布局，既便于 AGV 运送过来的物料进入小产线，也能让工业机器人高效地完成物料在设备之间的转移。

根据工业化原则，智能制造产线特点如下。

（1）按照工业标准采用柔性化设计，智能生产单元内嵌的 5 条车铣混合加工产线均独立控制，可根据产品生产需要任意调用，从而能够支持不同类型产品同时进行加工生产，实现产线的柔性化。

（2）实现了产品全生命周期的管理，从产品开始的设计、加工、生产、物流到用户使用,一站式完成。同时,产品的所有信息全程追踪记录,通过产品与 RFID 标签的一一对应,实时记录生产过程中的所有信息,可追踪查询历史信息。

(3) 智能制造产线内多处设有摄像头,通过数字化网络化的连接,智能制造车间的每个细节信息都能呈现到显示屏幕。整个机床内也有摄像头,能够实时监控和呈现加工过程。

(4) 采用工业级制造执行系统(MES),展现智能工厂生产计划排程、订单派发,数据展板展示、生产设备调度等功能,实现资源的最优分配,提升加工效率。

1-3　制造执行系统简介

(5) 智能制造产线采用"单元模块＋整体运行"设计模式,同时融入了互联网＋、数控云平台、信息物理融合系统(CPS)、数字孪生、数控设备的健康保障等多项创新技术,实现了工厂级别的设计、加工、生产、一站式物流等的全面应用。

第 2 章　智能产线构建及调试

2.1　智能产线加工单元构建及调试

智能产线加工单元是生产线进行生产活动的最基本组织,而智能制造单元是发展智能制造的基础载体,因此很多学者围绕智能制造单元做了大量的研究工作,特别是在具有多品种、变批量特点的航空航天等离散制造领域,智能制造单元越来越多地被应用于零部件的制造、装配工序中。

2.1.1　产线加工单元布局设计及装备选型

1. 智能制造单元方案设计总流程

智能制造单元一般由若干工位构成,各工位有实现特定功能的设备,在各工位之间依靠机器人等自动化物流装置实现生产的流动。目前,国内很多企业都在设计、筹建智能制造加工单元,通常的步骤是:

（1）零件选型、工艺规划、车间布局等顶层总体设计。

（2）智能化设备、物流、仓储、机器人等硬件选型、建设。

（3）系统控制接口、物联网建设,运行控制软件设计开发。

（4）系统集成、联调。

可以看出,智能制造单元方案总体设计作为智能制造单元建设的基础,是智能制造单元建设中首先要开展的。

智能制造单元方案设计总流程如图 2-1 所示。

（1）根据产品的设计输入与产能需求,设定系统目标,分析现有制造现状,明

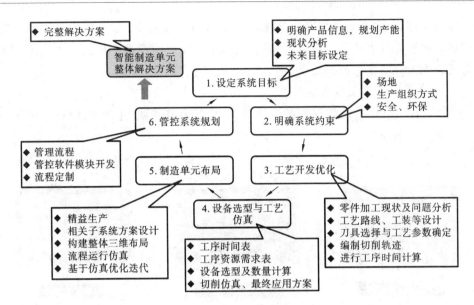

图 2-1　智能制造单元设计总流程

确未来产量等目标。

（2）分析并明确智能制造单元在人员、场地、生产组织方式、安全环保等方面的具体约束。

（3）在系统约束下进行各关键工序的典型工艺开发、优化，使生产流程适用于智能制造单元的稳定、顺利运行。

（4）基于上述工艺，完成设备选型与工艺、生产仿真，评估制造单元的运行效能。

（5）基于生产运行仿真结果，以及精益生产等原则，优化并完成制造单元的布局。

（6）基于不同产品、不同企业的生产管理流程，完成管控系统规划，开发集成控制方案，形成完整的智能制造单元整体解决方案。

2. 智能产线加工单元设计原则

在按照智能制造单元系统目标设定建设智能制造单元之前，首先要明确应用对象。一般而言企业会选择需求最迫切、急需大幅提高产能的产品。但这些产品是否能够通过智能制造单元生产，取决于其制造工艺以及生产现状。智能制造是在工业互联网与数字化制造的基础上发展起来的，其典型特征是"状态感知—实时分析—自主决策—精准执行"，即依靠高精度快换工装系统、机器人自动装卸运输、立体仓库存储、生产信息数字化等技术手段,实现自动调度、无人干预自动运行、生产状态智能分析决策等。所以,智能制造单元可应用的产品必须满足生产工艺能够适应无人自动化生产等要求。

3. 产线加工单元布局类型

产线加工单元布局依据产品流动形式,常分为串联型、并联型、U 形等布局形式,如图 2-2 所示。

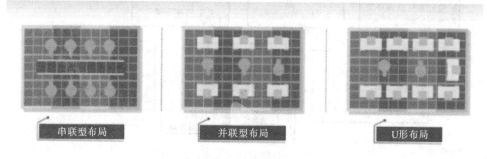

图 2-2　智能产线加工单元典型布局方式

串联型布局即各工位呈一字形布局于生产线上,制造及辅助设备按物流路线直线配置,物料完成一道工序后经物流系统流转至下一工位。常见于动作重复而连续的装配制造单元。其优势在于:物流简便、线路清晰、管理简单,从原料到产品可以实现一个流生产,免去了不必要的搬运动作。但其柔性较差,产品的局部改动都会引起生产线的重大调整。

并联型布局:生产设备并联于机器人两侧的加工方式。生产加工时机器人兼顾两台加工设备,物料在各工位呈 M 形流动,依次经历各道工序的加工。适合多品种、小批量产品的生产。这种布局的特点是:能够缩短物料传递过程中的搬运距离,同时又能提高生产线的弹性。

U 形布局:又称为巡回式布局,这种布局形态下,单台机器人即可负责多台设备的操作,适合物料进出口为同侧的情况。它能够有效减少工序间的搬运动作,提高生产效率,同时又具备较好柔性,能够满足灵活的生产安排需求。

产线加工单元布局依据加工设备配备情况还可分为单工种加工类和混合加工类布局。

单工种加工类布局主要用于车削加工单元和铣削加工单元。车削加工单元适合典型回转体零件的加工;铣削加工单元适合顶盖、箱体、薄壁类零件的加工。

混合加工单元一般采用车、铣混合加工方式,适合小批量、多工序的零件加工。

4. 智能制造单元设备选型

智能制造单元需选择主要关键设备作为精准执行机构,辅以信息在线采集和分析决策等软硬件模块,具备自动装卸料、柔性夹持、精准定位、加工执行、在线检测、实时分析和智能决策调整等功能。

精准执行机构涵盖数控机床、机械臂、AGV、缓存库(见图 2-3),可实现产品的精确制造、加工过程实时检测、制造过程的自动上下料、工件的柔性装夹、工装状态的自动判断及自动定位调整、加工完成后的自动检验评价,以及生产状态的实时监控等功能。柔性自动装夹装置主要实现不同尺寸产品的可靠装夹,满足多品种、变批量等生产需求。

数控机床　　　　机械臂　　　　AGV　　　　缓存库

图 2-3　精准执行机构

信息在线采集模块对精准执行机构产生的制造状态数据、质量结论、物流信息、加工进度和设备运行参数等数据进行采集。

分析决策模块对上述采集的信息进行分析,基于当前制造单元是否按时完成加工任务、运行过程中的工艺参数是否满足产品质量要求、工装装夹状态和位置等是否满足加工要求、单元所含的设备是否运行平稳等问题,进行智能判断与决策,并将修订指令反馈给精准执行机构,针对存在的问题提出解决措施并及时调整,最终实现工艺参数分析及实时调整、工装状态判断及自适应调整、设备故障预测及自我修整、制造单元的生产状态评估等流程的闭环运行。

2.1.2　产线加工单元工艺规划及开发优化

1. 产线加工单元工艺规划

工艺规划是智能生产线的设计基础,是影响节拍、工艺流程、产品质量等的十分关键的环节。在建设智能生产线前,加工工艺对加工对象的选择有着决定性意义。企业通常希望将急需提高产能的明星产品列为智能生产线的加工对象,但并不是每种产品都能适应智能制造、无人自动化加工。

如果某些工艺无法达到自动化加工的要求,可将无法进线的工艺安排在线外进行。考虑到进线难易程度,企业一般会选择系列化产品作为加工对象。因为系列化产品的材料、结构、加工方法等都较为接近,选择系列化产品作为加工对象能有效控制加工设备的种类及装夹的复杂程度,而且即便某台设备出现故障,其工作任务也可调度至其他同种设备上完成,避免全线停顿。另外,加工工艺为智能生产线的设计提供了基础数据。工序的内容决定了所需设备的类型。而工艺规程所规定的切削参数决定了刀具类型、数量,从而决定了换刀频率、刀库容量及是否需要中央刀库。切削参数与加工时间密切相关,直接影响生产线的节拍,决定了托盘及托盘缓冲站的数量、上下料机器人的数量、立体仓库容量及装卸站的数量。除了影响智能生产线的设计,加工工艺还对产线的运行控制起着关键作用。加工工艺对产线每日的加工作业计划、排产等有极大影响。作业计划会根据工艺规程来确定:需要调用哪个夹具装夹零件,将托盘送往哪台设备,激活哪条数控程序或是调用哪一把刀具,从而有序组织生产过程。同时,排产计划根据加工工艺而定,为运行管理系统有效组织、管理现场资源提供依据。

2. 智能制造单元工艺开发优化

一般而言,制造企业的现有工艺是基于已有的设备,其间穿插大量的手工操作,制造流程较为分散,且严重依赖操作者的自身水平,而这种过于繁杂的制造流程会对智能制造单元的高效运行产生极大负影响。因此,智能制造单元所用的加工工艺必须经过重新开发优化,甚至推倒重来,通过融合整合现有工序,充分利用智能制造单元内的自动化设备优势,基于工序集中原则,减少制造工序与装夹次数,依靠设备的功能优势来保证产品一致性及质量,实现零件在单元内的高效加工与流转。先行开展工艺设计可起到如下效果:

(1)明确产品的制造流程,以及在单元内各设备之间的流转顺序。

(2)直接影响制造单元的设备种类与数量,进而确定最大的投资项。

(3)确定了产品的加工质量及生产节拍,进而预估产品合格率,并计算出毛坯数量、刀库容量、缓冲站数量等生产物资数量。

(4)减少对人工技能的依赖,发挥设备的优势。

例如,某钛合金机匣结构复杂、加工精度高,现有制造路线异常烦琐,大量的非数控加工及手工工序穿插其中。这种复杂的传统工艺显然不适合智能制造,必须使其制造路线适用于智能制造单元,依据"可智能生产调度、可利用自动化设备制造、可采用快换工装系统、可自动装夹及物流配送、工序需集中"等原则重新设计制造流程。

该机匣工序由原来 30 多道压缩为 10 道,并把表面热处理及特种检验等工序都放在制造单元外,从而适应智能制造要求。

适用于智能制造的工艺开发还需考虑自动化运行带来的新问题,例如工装夹具必须满足加工稳定和自动化等要求,因此需要增加零点定位快换系统,将该系统直接嵌入设备工作台与工装上,形成唯一的零基准,无须人工进行调整校正。同时由于具备标准化接口,通过智能制造单元管控软件中的夹具管理模块,实现与设备通信并完成基准智能调整与自动化传递,完成单元内不同设备之间的高精度、高效率转换。此外还有刀具等生产物资的寿命管理,由于加工过程中无人值守,所以刀具必须在即将崩刃或断裂前更换,或者在加工过程中监测到刀具异常时立即处理。

2.1.3　产线加工单元工业机器人应用

1. 工业机器人选型与调试

上下料单元是智能产线中常见的工作单元,能够代替人工实现物料自动进入机床加工位置或从加工区域取出零件的搬运操作。通过合理布局,可以实现一台工业机器人对多台数控加工设备的管理。典型的上下料单元主要包含工业机器人、数控加工设备、料仓、系统控制器及防护栏等周边设施。当载有零件的托盘运送到上料位置时,机器人获取上料信号,抓取工件并转移至数控加工设备的工作台上。完成加工后,机器人将零件取出并送至料仓,等待下一轮加工。

在工业机器人选型与调试过程中,需要从机器人种类、负载、自由度、最大运动范围、重复精度、运行速度、防护等级等多个方面进行考量。对于上下料单元,机械臂需要在狭小空间内扭曲翻转,六自由度关节机器人是较为合理的选择。负载指的是机器人在工作时能够承受的最大载重。一般需要将末端执行器重量与零件重量

2-1　机器人
选型设计

计算在内。最大运动范围也是选型的关键指标,要了解机器人在各方向上的运动范围,来判断是否符合上下料的应用需求。重复定位精度,指机器人完成一次循环后到达同一位置的精准度。所需的重复定位精度取决于上下料的要求。通常来说,机器人重复定位精度可以达到 0.02 mm 以内。运行速度与生产节拍相关,需要保证所选用的机器人在规定时间内完成一整套上下料动作。为了配合机器人抓取工件,末端夹爪的设计十分关键。典型的夹爪有吸盘式夹爪、承托式夹爪、悬挂式夹爪及夹持式夹爪等。末端夹爪一般由液压、气动或电动设备等驱动,应根据工件的形状、质量来考虑夹爪结构。例如对于质量不大的轴类零件,可以采取夹持式

气动夹爪来实现零件的抓取。为确保夹爪可靠耐用，设计时应注意以下几点：

（1）夹爪应具有一定开闭范围，以提高通用性。

（2）保证工件在夹爪内的定位精度。

（3）结构紧凑，重量轻，尽量选择轻质材料。

（4）具有足够的夹持力，保证工件在运动过程中不脱落且夹紧力合适，不会对工件造成损伤。

2. 工业机器人示教方法

为了适应现代工业快速多变的特点以及满足日益增长的复杂性要求，机器人不仅要能长期稳定地完成重复工作，还要具备智能化、网络化、开放性、人机友好性的特点。作为工业机器人继续发展与创新的一个重要方面，示教技术正在向利于快速示教编程和增强人机协作能力的方向发展。

工业机器人示教就是编程者采用各种示教方法事先"告知"机器人所要进行的动作信息和作业信息。这些信息包括：① 机器人位置和姿态信息；② 轨迹和路径点的信息；③ 机器人任务动作顺序信息；④ 机器人动作、作业时的附加条件信息；⑤ 机器人动作的速度和加速度信息、作业内容信息等。

实际应用最多的是传统的示教盒示教，其要求操作者具有一定的机器人技术知识和经验，但示教效率较低。与示教盒示教相比，直接示教法无须操作者掌握任何机器人知识和经验，操作简单且快速，极大地提高了示教的友好性、高效性。

当前主流的机器人直接示教控制方法可以分为两类：第一类是基于位置控制或者阻抗控制的直接示教方法；第二类是基于力矩控制的零力平衡的机器人直接示教（有动力学模型）。

（1）基于位置控制的直接示教。传统的拖动示教依赖外置于机器人的多维操作传感器，利用该传感器获取的信息，牵引机器人末端在笛卡儿空间中做线性或者旋转的运动。

（2）基于力矩控制的零力平衡的机器人直接示教。这是一种更为直接的机器人拖动示教方法。借助机器人的动力学模型，控制器可以实时地算出机器人被拖动时所需要的力矩，然后提供该力矩给电动机，使得机器人能够很好地辅助操作人员进行拖动。

不同于传统的基于位置或者阻抗的拖动示教方法，零力控制方法对操作者更加友好。在精确的动力学模型的帮助下，拖动机器人时要克服的机器人自身重力、摩擦力以及惯性力都被相应的电动机力矩抵消，使得机器人能够被轻松地拖动。

同时,算法也保证了当外力被撤销时,机器人能够迅速地静止在当前位置,从而保证设备和操作人员的安全。

基于零力控制拖动示教的另一个优势是:在动力学模型中,各关节的力矩是可以单独控制的,所以机器人的拖动点不再被固定在机器人末端或者多维传感器上,操作者可以在机器人任意位置去拖动机器人,使操作更加灵活多变。

2.1.4　产线加工单元生产流程调试

生产流程又叫工艺流程或加工流程,是指在生产工艺中,从原料投入到成品产出,通过一定的设备按顺序连续地进行加工的过程,也指产品从原材料到成品的制作过程中要素的组合。

1. 毛坯摆放工位系统调试

毛坯摆放工位由平行传送带、视觉识别系统、RFID 智能读写系统、托盘举升机构,以及若干摆放毛坯的托盘组成,每个托盘上都有一个伴随的 RFID 读写磁片。设置在平行传送带上摆放产品托盘,同时托盘需架构在举升机构上。当举升机构升起时,毛坯需按照托盘上规定的具体位置进行摆放,然后由视觉识别系统进行识别确认,当位置不合格时自动报警,要求重新摆放,直到确认合格后再由 RFID 智能读写系统把毛坯信息写在托盘上的读写磁片上,并把读写信息上传至主控系统上位机。读写信息写完后举升机构下降,使得托盘停放到线体上,运输到线体末端,与上下料机器人对接,完成本工位的动作。毛坯摆放工位系统如图 2-4 所示。

图 2-4　毛坯摆放工位系统图

2. 机器人与数控切削系统调试

设计切削工位，集成数控机床和上下料六轴机器人，完成从毛坯到零件的切削任务。该系统的工作步骤是由前序任务运送托盘到达指定切削位置后，PLC 控制六轴机器人抓取毛坯，安放在机床夹具上；机床夹具自动夹紧，六轴机器人退出，关闭机床门，进行切削；切削完毕后，由六轴机器人抓取切削完成的零件，放置在原托盘上，完成一组零件的切削任务，托盘继续运行到达下一工位，完成切削工位动作。在整个生产单元中加入机床切削自动加工功能，完善了智能制造的加工过程。数控机床也是该系统的加工制造主体部分。通过 PLC 与机床和六轴机器人的通信，实现了智能装备网联控制。由机器人抓取零件进行上件，切削机床自动夹紧零件，按照 PLC 给定指令进行自动切削。切削完毕，由 PLC 控制机器人抓取下件，摆放到托盘上，完成本工位的切削过程。机器人与数控切削系统如图 2-5 所示。

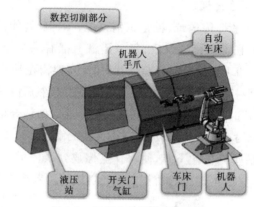

图 2-5　机器人与数控切削系统

2.2　智能产线仓储与物流单元构建及调试

智能产线仓储物流系统主要由自动化立体仓库、仓储管理系统、出库平台、入库平台、AGV、阻挡定位机构等组成，主要负责生产物料的输送、定位、分拣、出入库等工作。该系统由 PLC 自动控制，各传输段的起停、顶升等动作由后台系统全程自动控制，交流电动机、变频器的各种运行数据、报警信息均可以传给系统，各种

2-2　自动化立体仓库概述

操作指令也可以在系统操作界面上方便地下达。自动化立体仓库是现代物流系统中迅速发展的重要组成部分,主要由高层立体货架、巷道堆垛机、堆垛机控制器、一体式触摸终端系统组成,出入库辅助设备及巷道堆垛机能够在系统监管下,完成物料的自动出库和入库,并实现在库物料的自动化管理。

2.2.1　仓储与物流单元布局设计及装备选型

2-3　立体料仓
硬件设备选型

　　智能仓储是指在人工智能的帮助下出现的一种能够自动存取和运送货物的新型物流仓储模式。智能仓储系统通常由立体货架、堆垛机、自动传输机、叉车等自动化设备组成,集成了互联网技术、RFID 技术、智能化仓库管理技术。通过先进的装备和信息技术的组合,能够实现货物的自动录入、查询,从而提高仓库作业的准确率和效率,降低库存,提升企业的运营水平。智能仓储系统对货架的优化使用,合理分配,可大大提升仓储货架的使用率。同时,操作效率的提高,物流成本下降,更有利于促进仓储物流产业链智能化、数字化水平的提高,从而带动相关产业的良性发展。而智能系统的运用,则保证了货物仓库管理各个环节数据输入的速度和准确性,确保企业及时准确地掌握库存的真实数据,合理保持和控制企业库存。

　　从发展过程看,仓储技术目前已经历了三个阶段,即人工结合机械化的仓储阶段、自动化仓储阶段、智能化仓储阶段。

　　(1) 人工结合机械化的仓储阶段。产品从进入仓库开始,包括存储、转运到出库,都是由管理员利用机械设备实现转移,通过纸质或者计算机记录进出库。仓库内运输车、吊车、升降机等设备均由管理员根据需求人工操作。该阶段机械化水平较高,减轻了人的体力劳动,但自动化程度低,机械化设备只能在工人的操作下实现简单的位移,效率较低,设备对人的依赖程度大,安全性稳定性低。

　　(2) 自动化仓储阶段。在这一阶段,技术的进步和现代工业对物流仓储的要求催生了自动化仓库的形成。早期自动化仓库主要采用 AGV、自动识别分拣系统和自动货架,基本能够按照预先设定的程序实现简单的自动化。发展后期,货架出现移动式、旋转体式,还出现巷道式堆垛机,但是各种设备仍然不能组合应用。随着新的产业革命的到来,对物流仓储的要求进一步提高,科学技术的发展壮大,特别是计算机系统的普遍应用,自动化仓储技术进一步发展,实现各系统、设备互相协调,最终达到全自动化程度,即是第三阶段的智能仓储。

　　(3) 智能化仓储阶段。智能化仓储是在自动化仓储基础上发展起来的,是自动化仓储的更高级形式。该阶段要求实现货物的自动录入、查询、上架、出库,并利用相关系统数据,按照计算机程序实现智能化操作,从而提高仓库作业的准确率和效率,进一步降低库存,提升企业的货物流转速度,降低成本、提升效益。

1. 仓储系统的布局

自动化立体仓储系统的整体布局主要包括机械设备、电气设备和控制设备的布局方式的选择。不同的自动化仓库根据仓库的排列方式和货量的大小有着不同的布局方式,大致可以分为四种不同的布局方式,如图 2-6 所示,分别为通道式、回流式、旁流式和转移式。通道式是出库、入库分开作业,平面利用率低。回流式是将出入库系统安排在货架的同一端,这样的布局更加的紧凑,且空间利用率高。旁流式是根据不同的工位以及产品加工的工艺流程来安排特定的货位出入库,这种方式对生产线的衔接要求高,且系统更加复杂。转移式是一台堆垛机运行于多个货架,出入库的效率低。

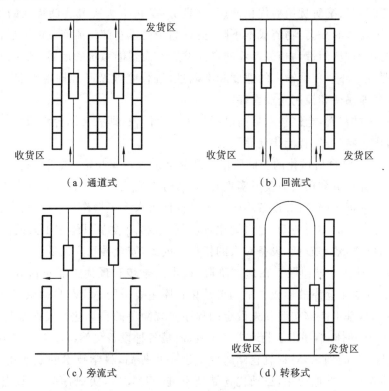

（a）通道式　　　　　　　（b）回流式

（c）旁流式　　　　　　　（d）转移式

图 2-6　仓储系统的主要布局方式

智能仓储主要有两方面的特点：一方面是智能化，智能仓储以计算机技术为核心，通过物联网感知的相关技术（RFID、传感器）实时获取信息传送回主计算机，通过计算机判断货物所处的位置、状态，从而给出下一步指令；另一方面是自动化，在计算机的控制下，将调度与数据处理连接在一起，计算机对获取的信息进行整合处理，自动化设备按照计算机指令进行操作，无须人工干预。智能仓储自动化程度随着科学技术的发展会进一步提高，更多的自动化设备将直接按照既定程序完成工作。与传统仓储相比较，智能仓储有很多的突出优势：

（1）智能仓储在计算机的控制下形成一个完整系统，各个部分数据信息共享，形成数据交互的信息中心。在集成界面可以准确查看信息，同时加强了系统的安全性。

（2）智能仓储系统智能化程度高，对于不同货物不同仓储要求，只需在系统做出不同设置，系统将自动按照程序执行，工作效率高，可靠性高。

（3）智能仓储系统的自动化程度高，对人工依赖性小，可以极大降低劳动力成本。

（4）智能仓储系统标准化程度高，易于复制，同类型货物在不同仓储情况下，货物质量、出货时间基本一致。

（5）智能仓储采用立体仓库、自动货架等设备，提高了仓库的利用率，降低了土地成本。

2. 装备选型

AGV 是指装备有电磁或光学等自动导引装置，能够沿规定的导引路径行驶，具有安全保护及各种移载功能的运输车。AGV 产品样例，如图 2-7 所示。

AGV 以轮式移动为特征，与步行、爬行或其他非轮式的移动机器人相比，AGV 具有行动快捷、工作效率高、结构简单、可控性强及安全性好等优势；与物料输送中常用的其他设备相比，AGV 的活动区域无须铺设轨道、支座架等固定装置，不受场地、道路和空间的限制。因此，在自动化物流系统中，AGV 能充分地体现其自动性和柔性，实现高效、经济、灵活的无人化生产。其主要有如下优点。

（1）自动化程度高。AGV 由计算机、电控设备、激光反射板等控制。当车间某一环节需要辅料时，由工作人员向计算机终端输入相关信息，计算机终端再将信息发送到中央控制室，由专业的技术人员向计算机发出指令，在电控设备的合作下，这一指令最终被 AGV 接收并执行——将辅料送至相应地点。

（2）工作灵活，充电方便。AGV 可以在各车间穿梭往复。当 AGV 的电量即

图 2-7　AGV 产品样例

将耗尽时,它会向系统发出指令,请求充电,在系统允许后自动到充电的地方排队充电。AGV 的电池寿命和采用电池的类型与技术有关,使用锂电池时,其充放电次数到达 500 次时仍然可以保持 80% 的电能存储。

　　AGV 主要由基础硬件和控制系统两部分组成:硬件部分主要包括 AGV 车体、动力部分、控制元件、人机界面等;控制系统主要包括调度系统、车载控制系统、导航系统和传感器系统。AGV 控制系统解决了在哪里、去哪里和怎么去三个问题。这三个问题都关系到 AGV 控制系统的主要技术——AGV 的导航技术。

　　AGV 接收到货物搬运指令后,中央控制器根据事先绘制好的运行路径和 AGV 当前坐标及前进方向进行矢量计算、路线分析,从中选择最佳的行驶路线,自动智能控制 AGV 在路上的行

2-4　AGV
导航简介

驶和拐弯、转向等;AGV 到达装载货物位置并准确停位,装货完成后,AGV 启动,向目标卸货点"奔跑",准确到达位置后停驻、卸货,并向控制计算机报告其位置和状态。最后,AGV 启动跑向待命区域,直到接到新的指令后进行下一次运输任务。

　　AGV 常用的导航方式有电磁导航、磁带导航、磁钉导航、二维码导航、激光导

航及视觉导航等。

（1）磁带导航。磁带导航是在自动导航车的行进路径上铺设磁带，通过车载电磁传感器对磁场信号的识别来实现导航。其主要优点有：技术成熟可靠，成本较低，磁带的铺设、拓展与更改路径较为容易，运行线路明显，对于声光无干扰。缺点是：路径裸露，容易受到机械损伤和污染，需要定期维护；容易受到金属等铁磁物质的影响，AGV 执行任务只能沿着固定磁带运动，无法更改任务。

（2）二维码导航。二维码导航的原理是 AGV 通过摄像头扫描地面二维码，通过解析二维码信息获取当前的位置信息，包括 AGV 的路径规划、AGV 的导引控制。

（3）激光导航。激光导航是通过车体上的激光雷达感知周围环境信息并建立模型，估计自身位置。其特点是定位精度高，但是成本较高、控制复杂且易受到干扰。

（4）视觉导航。视觉导航是利用摄像机获取的图像信息解析得到自身的位置信息，具体应用有标签定位法和视觉 SLAM（即时定位与地图构建）。其特点是信息量大、成本低和柔性高，但是对环境的适应性较差。

常见 AGV 的定位方式有以下几种。

（1）Wi-Fi 定位。该方式目前较为常用，但由于收发器功率较小，覆盖范围有限，且易受到其他信号干扰而影响定位精度，只适用于小范围内的室内定位。

（2）超声波定位。该方式具有定位精度较高、结构相对简单的优点，但容易受非视距传播和多径效应影响，而且需要对底层硬件设施投入更高的成本。

（3）RFID 定位。该方式通过双向通信的非接触式射频方式交换数据，从而达到定位和识别的目的。

2.2.2　仓储系统功能调试

自动化立体仓库系统是整个系统的核心部分，是实现货物存取的关键，也是影响整个系统效率以及精确度的关键所在。

图 2-8 为自动化立体仓库系统主程序流程图。自动化立体仓库系统的工作主要是由堆垛机完成的，因此该程序流程图的工作原理是：首先判断堆垛机是否正在处于作业状态，然后系统根据判断的结果对堆垛机发出出库或者入库的作业指令，依据所要执行的作业指令，PLC 对相关指令程序进行读取，最终完成目

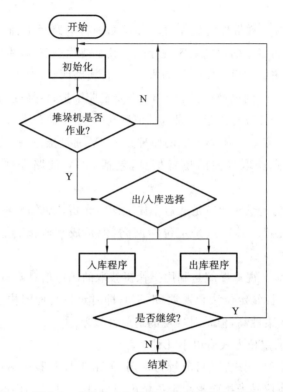

图 2-8   自动化立体仓储系统主程序流程图

标作业任务。

2.2.3   物流路径规划及调度调试

路径规划指的是 AGV 根据所处的环境信息、运输任务的位置信息,依照相应评价标准(路径的轨迹长度、运动时间、运动耗能等)规划的一条从起始位置到目标位置的无碰撞的最短路径。

路径规划所得轨迹需满足三个必要条件,具体如下。

(1)可行性。经由路径规划得到的路径,必须从理论上保证 AGV 能够从任务的初始位置无碰撞地到达目标位置。

(2)安全性。经由路径规划得到的路径,必须保证 AGV 在运行时能够避开沿途所有障碍物且在路径规划后 AGV 无明显损伤。

（3）高效性。在满足可行性与安全性的前提下,需要尽可能地提高 AGV 的运动效率,规划出最优或次优路径。

路径规划一般包括建模、寻径、平滑等三个步骤。

（1）建模。环境信息建模是路径规划中十分关键的一个步骤,具体包括环境信息采集与数字化两个部分。首先由 AGV 通过内置的传感设备收集附近的任务空间环境;然后由系统根据 AGV 所收集到的任务空间环境,进行数字化,将真实世界的环境信息抽象为数字化的几何模型。

（2）寻径。在上一步所得到的数字化模型中,使用预设的路径规划算法模型进行路径规划,得到一条无碰撞的最短路径。

（3）平滑。使用路径规划算法所寻得的路径,有时并非是在现实中能够实际行进的路线,需要进一步将轨迹平滑优化为实际可行的路线。

物流系统调度调试在进行货位运送前,先对 AGV 是否在原点进行判断,然后对上位机发出运货指令;AGV 在接收到任务指令后,运行到起始位置等待货物,并在接收到码垛机器人运送的货物后,开始向立体化仓库入库口的目标位置移动;在到达目标位置后,AGV 停止移动,等待入库作业;待货物入库完成后,AGV 返回原点位置,等待后续的任务安排。图 2-9 为智能物流系统流程图。

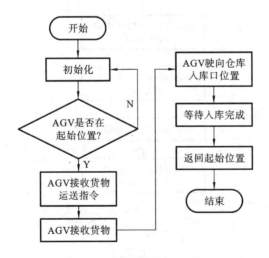

图 2-9　智能物流系统流程图

2.2.4 仓储系统与物流系统交互调试及验证

在 AGV 作业前需要对货物进行装箱码垛。仓储物流系统主要由搬运机器人、智能检测机器人和码垛机器人构成,其工作流程如下:

上位机发出货物入库指令,自动化装箱码垛系统接收到任务指令开始工作,首先推料气缸把货物推送到输送带上;接着搬运机器人把载货箱体搬运到滚筒输入线上,待货物经过智能检测机器人上方时,智能检测机器人对货物进行检测;然后智能检测机器人将检测后的数据反馈到上位机,待上位机分析完成后,智能检测机器人将货物运送到载货箱体内;最后由码垛机器人将箱体运送到 AGV 上。然后依此循环,直至货物全部入库完毕。图 2-10 为该系统的程序流程图。

图 2-10 仓储物流系统程序流程图

2.3　智能产线整体联调及运行调试

2.3.1　智能产线各功能单元联调

智能制造产线是主要由数控加工工作站、检测打标装配工作站、智能仓储物流系统、信息化管理系统等组成的柔性智能制造系统,将信息技术与制造技术深度融合和高度集成,在加工自动化的基础上实现了物料流和信息流的自动化、数字化、智能化。

1. 数控加工工作站

数控加工工作站(见图 2-11)主要完成物料的自动装配、自动加工。该工作站主要由铣削加工工作岛和车削加工工作岛组成。铣削加工工作岛主要包括加工中心(配自动门、自动工装夹具)、六自由度上下料机器人、物料存储上下料平台、吹气清洗单元组成;车削加工工作岛主要由数控车床(包含斜式车床和卧式车床,配自动门、自动工装夹具)、六自由度上下料机器人、物料存储上下料平台、吹气清洗单

图 2-11　数控加工工作站

元组成。

2. 检测/打标/装配工作站

检测/打标/装配工作站（见图 2-12）由激光打标系统、质量检测工作站、自动装配工作站等组成，要完成整套智能制造生产线系统加工零件的激光打标、产品质量检测与分析、产品的自动化装配等工艺流程。

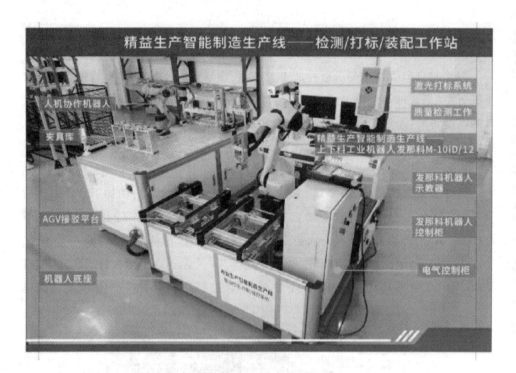

图 2-12　检测/打标/装配工作站

3. 智能仓储物流系统

如图 2-13 所示的智能仓储物流系统由高层货架、全自动堆垛机系统、出入库平台、仓储控制系统、仓储智能触控终端、仓储管理系统、仓储安全防护装置、工装载板等组成。出入库辅助设备及巷道堆垛机能够在计算机的管理下，完成货物的出入库作业，实现存取自动化；工装载板可通过 RFID 信息进行仓储盘点等物流管理及识别作业。

4. 信息化管理系统

如图 2-14 所示的信息化管理系统由视频监控摄像头、电子看板系统、看板管

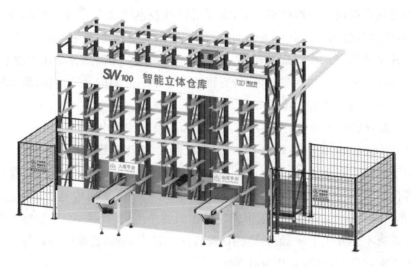

图 2-13　智能仓储物流系统

理与发布软件、数字化总控系统、RFID 识别系统等五部分组成,用于机床加工运行等实时状态的信息的显示与采集,具备整个精益生产智能制造生产线的信息收集、信号监控、任务状态监控等功能。

图 2-14　信息化管理系统(博达特智能制造管控软件)

在完成产线硬件与网络组态后,需要对产线控制系统程序进行现场调试与运行,通过调试可使得产线各设备的动作流程、机床加工精度等达到相应的要求,实现产线既定的功能。在调试过程中,分单元进行调试。先调试各单元控制系统,然后调试各单元独立的功能与通信,最后再建立各单元之间的通信连接,联调整个控制系统。主要调试内容和流程如下。

(1) 检查供电系统,连接好系统主电路和各单元控制电路。

(2) 系统上电,检查各单元 PLC、工业机器人、机床等设备是否正常。

对于仓储物流单元:首先测试主站 PLC 与从站 PLC 通信是否正常,检测立体仓库各传感器信号是否正常;其次检测从站 PLC 与 AGV 通信是否正常;接着对 AGV 进行调试,调试 AGV 在上下料过程中的各个点位,确保 AGV 能够正常到达预定位置且不会发生干涉;最后要测试设备通信是否正常,检测中转台各光电传感器是否正常,调试各气缸动作位置等。

车床加工单元与铣削加工单元调试类似,这里以车床加工单元为例:首先调试各从站 PLC 与各对应数控车床通信是否正常,调试各机床传感器信号是否正常;再分别单独调试各机床程序,试加工工件;其次调试从站 PLC 与机器人控制器通信是否正常,设置机器人相关参数并编译机器人程序,调试机器人上下料抓取点、等待点的位置,在机床中的上料姿势等,调试该检测单元中伺服驱动器是否正常;最后测试夹具快换平台中各气缸动作是否正确,传感器信号和位置是否正常,机器人工装夹具的位置是否正确,机器人动作能否实现。

2.3.2 智能产线整体生产流程调试及运行验证

在进行智能产线整体生产流程调试之前,需要根据零件的生产流程以及各个设备执行的动作为加工设备配置控制信号,主要是 PLC 与各个数控系统、机械手、缓存库库位等的交互信号。在完成各生产单元联调工作后,最后测试主站 PLC 与 MES 系统和 HMI 通信是否正常,联调主站 PLC 与各从站 PLC 之间的数据通信,在联调模式下,测试整个生产线控制系统是否运行正常。智能产线上某零件 PLC 流程如图 2-15 所示。

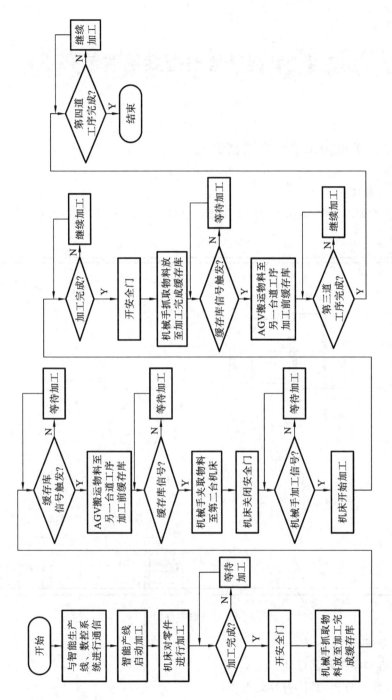

图 2-15 智能产线某零件 PLC 流程

2.4　智能产线典型案例展示

2.4.1　车削加工单元典型案例

1. 项目描述

现需生产如图 2-16 所示的台阶轴零件 100 件，根据材料完成该台阶轴的智能生产与管控。

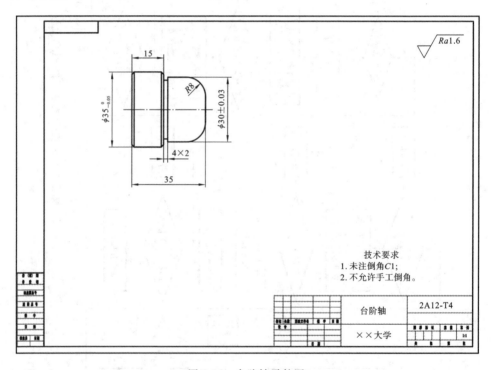

图 2-16　台阶轴零件图

2. 任务实施

1）台阶轴零件工艺设计

（1）零件图分析，具体内容见表 2-1。

表 2-1　零件图分析的具体内容

步骤	名　　称	具 体 内 容
1	表达完整性分析	零件图视图表达清楚,尺寸标注齐全,技术要求明确
2	零件结构分析	该零件为典型轴类零件,包括外圆柱表面、退刀槽等结构,由于要进行批量生产,采用数控车床加工效率高
3	技术要求分析	材料为 2A12-T4,不需要热处理;零件表面粗糙度为 $Ra1.6\ \mu m$,零件加工要求中等,一般数控加工就能完成
4	结论	该零件加工要求一般,材料切削性能良好,零件采用车削加工就可以完成全部机械加工内容

（2）选择毛坯,具体内容见表 2-2。

表 2-2　选择毛坯的具体内容

步骤	名　　称	具 体 内 容
1	毛坯种类	由于零件为轴类零件,外径最大尺寸为 $\phi35$ mm,外径尺寸变化不是很大;零件批量为 100 件,采用小批量生产模式;零件材料为 2A12-T4
2	毛坯直径	零件毛坯为半成品,而且零件的左端不需要加工,因此选择毛坯规格为 $\phi35$ mm
3	毛坯长度	提供的毛坯为每毛坯件数为 1,右端面留 2 mm 余量,则零件总长为 37 mm
4	结论	选择 2A12-T4 铝棒,毛坯外形尺寸为 $\phi37$ mm×37 mm

（3）各加工表面加工方案选择见表 2-3。

表 2-3　各加工表面加工方案选择

序号	加工表面	粗糙度要求	经济精度要求	加工方案
1	右端面	$Ra1.6$	IT12	粗车-半精车加工
2	右外轮廓	$Ra1.6$	IT12	粗车-半精车加工
3	退刀槽	$Ra12.5$	IT12	粗车加工

（4）加工顺序确定。由于端面是外圆的基准，而外圆是槽的基准，根据基面先行的原则，先加工端面，接着加工外轮廓。数控加工工序一般采用工序集中方式，即一次安装完成尽可能多的加工内容，所以台阶轴零件一次安装后需连续完成端面、外轮廓等加工表面的加工。综上所述，台阶轴加工的顺序为：粗车右端面→精车右端面→粗车右外轮廓→精车右外轮廓→车槽。

（5）工序确定。因为是采用数控车床进行加工，所以采用工序集中原则；批量生产，按装夹划分工序，一次装夹完成一个工序，即右端车削。

2）智能制造加工单元设备选择

根据台阶轴零件的加工要求，台阶轴是轴类零件，需在卧式数控车床上完成加工，上下料由工业机器人完成，零件放置在线边仓库中，整个加工单元的控制采用主控单元和制造执行系统完成。台阶轴零件的生产模式为小批量生产，结合生产工艺搭建台阶轴零件智能制造加工单元，需一台卧式数控车床、一台六轴工业机器人、一个线边仓库和一台装载主控单元的计算机。

台阶轴零件加工单元的搭建如图 2-17 所示。台阶轴智能制造加工单元生产流程，如图 2-18 所示。

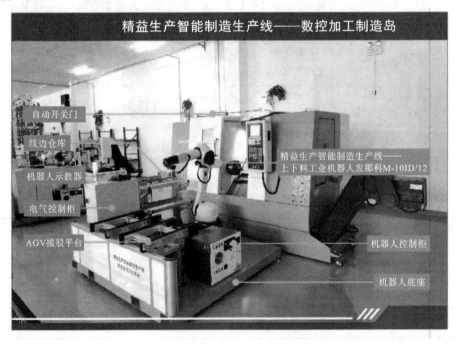

图 2-17　台阶轴零件加工单元的搭建

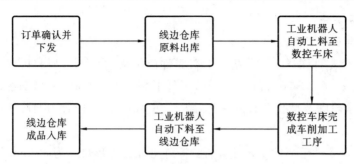

图 2-18　台阶轴智能制造加工单元生产流程

2.4.2　铣削加工单元典型案例

1. 项目描述

现需生产如图 2-19 所示的上盖零件 100 件,根据材料完成该上盖零件的智能生产与管控。

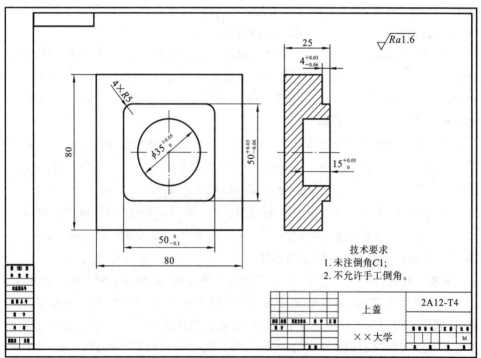

图 2-19　上盖零件图

2. 任务实施

1) 上盖零件工艺设计

(1) 上盖零件图样工艺分析。上盖零件由平面、台阶面、型腔构成,上盖零件外形尺寸为 80 mm×80 mm×25 mm,是外形规整的小零件,方形凸廓;对尺寸要求不高,要求轮廓及型腔表面粗糙度为 $Ra1.6~\mu m$。加工内容为凸廓表面及型腔,所需刀具不多。

(2) 上盖零件毛坯的工艺性分析。零件毛坯的外形尺寸为 80 mm×80 mm×25 mm,上下表面平整,两侧面平行且与上下表面垂直,上下面、左右面、前后面都不需加工,这些面可作为定位基准。上盖零件毛坯的材料为 2A12-T4,切削性能较好。

(3) 选用设备。上盖零件选用三轴控制两轴联动立式数控铣床,可采用 VMC1000L 立式加工中心。

(4) 确定装夹方案。

① 定位基准的选择:底平面＋前侧面＋左侧面。

② 夹具的选择:由于上盖零件小、外形规整,只需加工上表面特征及型腔。为了便于机械手拿放,以及在加工中心线上较容易定位夹紧,选用零点夹具装夹零件,上面露出 3 mm 左右,夹紧前、左两侧面,限制其 6 个自由度。

(5) 选择刀具及切削用量。切削轮廓时采用先粗铣后精铣的方式,切削过程中需加切削液。选用 3 齿、$\phi 8$ mm 的高速钢立铣刀,切削深度为 4 mm,分两次铣削,粗铣 3.5 mm,最后的 0.5 mm 随同轮廓精铣一起完成,轮廓侧周留 0.5 mm 精铣余量。其相关参数计算如下:

① 粗铣:当刀具切削速度 $v_c=25$ m/min 时,则主轴转速 $n=1000v_c/(\pi d)=1000\times 25/(3.14\times 8)$ r/min≈1000 r/min;当每齿进给量 $f_z=0.03$ mm 时,则进给速度 $v_f=f_z Z_n=0.03\times 3\times 1000$ mm/min≈90 mm/min。

② 精铣:使用的刀具以及刀具的进给速度、转速同粗铣,当每齿进给量 $f_z=0.04$ mm 时,则进给速度 $v_f=f_z Z_n=0.04\times 3\times 1000$ mm/min=120 mm/min。

2) 智能制造加工单元设备的选择

根据上盖零件的加工要求,上盖零件是板类零件,需在加工中心上完成加工,上下料由机器人完成,零件放置在料仓中,整个生产线的控制采用主控单元和 MES 完成。根据加工数量确定上盖零件的生产模式为批量生产,结合生产工艺搭建上盖零件智能制造加工单元,需一台加工中心、一台六轴工业机器人、一个线边仓库和一台装载主控单元的计算机。上盖零件加工单元的搭建如图 2-20 所示。

图 2-20　上盖零件加工单元的搭建

上盖智能制造单元生产流程如图 2-21 所示。

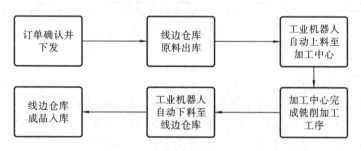

图 2-21　上盖智能制造单元生产流程图

2.4.3　车、铣混合加工单元典型案例

1. 项目描述

现需生产如图 2-22 所示的顶盖零件 100 件，根据材料完成该顶盖零件的智能生产与管控。

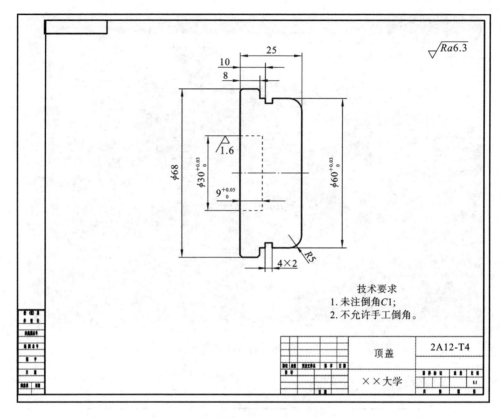

图 2-22　顶盖零件图

2. 任务实施

1）顶盖工艺设计

（1）零件图样工艺分析。零件由台阶、槽、圆形型腔、平面构成，外形尺寸为 $\phi68$ mm×25 mm，属于外形规整的盘类零件。对尺寸要求不高，要求轮廓表面粗糙度为 $Ra6.3$ μm，圆形型腔表面粗糙度为 $Ra1.6$ μm。

（2）零件毛坯的工艺性分析。毛坯料为 $\phi68$ mm×27 mm，圆棒料两端面平整、圆柱面与两端面垂直，两端面不需要加工，这些面可作为定位基准。零件毛坯的材料为 2A12-T4，切削性能较好。

（3）选用设备。顶盖零件选用卧式数控车床和三轴控制两轴联动立式数控铣床，可选 VMC1000L 立式加工中心。

（4）确定装夹方案。

① 定位基准的选择：加工台阶及槽，以左端面为定位基准；加工圆形型腔，以

加工好的台阶为定位基准。

② 夹具的选择：由于顶盖零件小、外形规整，只需加工台阶、槽及圆形型腔。数控车削加工，选用自定心卡盘定位夹紧；在加工中心上加工圆形型腔时，选用可装夹圆柱面的平口钳定位夹紧。

（5）选择刀具及切削用量。

① 车削外轮廓刀具选择。因车削的外廓为平面，所以在粗加工时，选择车刀的型号为 PCLNP2020K12，刀片型号为 CAMG120412-DR，刀片牌号为 YBC252；在精加工时，选择车刀的型号为 PCLNR2020K12，刀片型号为 CAMG120408-DM，刀片牌号为 YBC252。

② 车削槽刀具选择。粗精加工槽选用同一把刀具，因槽宽 4 mm，所以选择槽刀型号为 QFGD2020R14，刀片型号为 ZTFD0303-MG，刀片牌号为 YBC252。

③ 切削用量的选择。顶盖加工的切削用量参数见表 2-4。

表 2-4　切削用量参数

加工方式	工　步	参　　　　数	参　　量
车削	粗车	背吃刀量 a_p/mm	11
		进给量 f/(mm/r)	0.4
		切削速度 v_c/(m/min)	250
		主轴转速 n/(r/min)	800
	精车	背吃刀量 a_p/mm	3
		进给量 f/(mm/r)	0.2
		切削速度 v_c/(m/min)	350
		主轴转速 n/(r/min)	1200
铣削	粗铣	切削速度 v_c/(m/min)	250
		每齿进给量 f_z/(mm/Z)	0.03
		进给速度 V_f/(mm/min)	600
		主轴转速 n/(r/min)	3000
	精铣	切削速度 v_c/(m/min)	250
		每齿进给量 f_z/(mm/Z)	0.03
		进给速度 V_f/(mm/min)	900
		主轴转速 n/(r/min)	5000

2) 智能制造加工单元设备的选择

根据零件的加工要求,顶盖是盘盖类零件,需在卧式数控车床上完成轮廓加工,在加工中心上完成型腔加工,上下料由机器人完成,零件放置在料仓中,整个生产线的控制采用主控单元和 MES 完成。根据加工数量确定零件生产模式为批量生产,结合生产工艺搭建上盖零件智能制造加工单元,需一台卧式数控车床、一台加工中心、一台六轴工业机器人、一个线边仓库和一台装载主控单元的计算机。顶盖零件加工单元的搭建如图 2-23 所示。

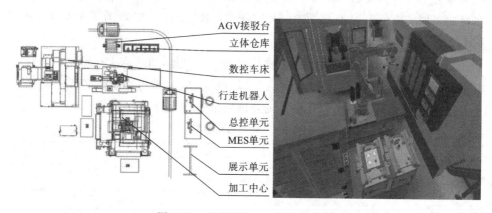

AGV接驳台
立体仓库
数控车床
行走机器人
总控单元
MES单元
展示单元
加工中心

图 2-23 顶盖零件加工单元的搭建

顶盖零件智能制造加工单元生产流程如图 2-24 所示。

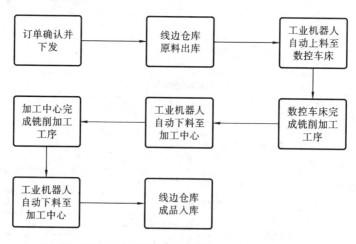

图 2-24 顶盖零件智能制造加工单元生产流程

2.4.4 仓储与物流单元典型案例

1. 智能化仓储系统

智能化仓储系统(见图 2-25)与智能制造资源管理平台(见图 2-26)实现互联互通,可通过智能制造资源管理平台、目视化看板等实现工业互联、数据互联互通;可实现远程查看智能仓储信息,比如仓储物料信息(见图 2-27)、运行信息(见图 2-28)等数据信息的查询。

图 2-25 智能仓储系统

2. 智能物流系统

智能物流系统能够全动态实时显示 AGV 系统、AGV 的工作位置及运行状态(常见的状态包括正常状态、等待充电状态、充电状态、手动状态、急停状态、停止状态)、运行速度、电量监测信息等,并显示各作业点、充电点的占用信息(见图 2-29),构建与现场一致的动态地图等。

同时,在多任务情况下,能够动态显示当前执行任务,并实时建立任务日志报表;能够动态显示当前排队任务量,反馈需要等待的时间;能够根据用户要求拖曳式图形化编程变更 AGV 小车运行的路径及设定,包括运行路径和取卸货站台位置点的移动、修改、增删、站台设置的修改等,如图 2-30 所示。

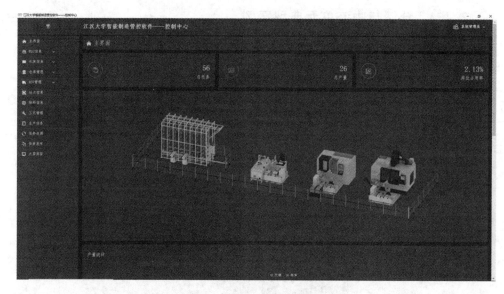

图 2-26　智能制造资源管理平台

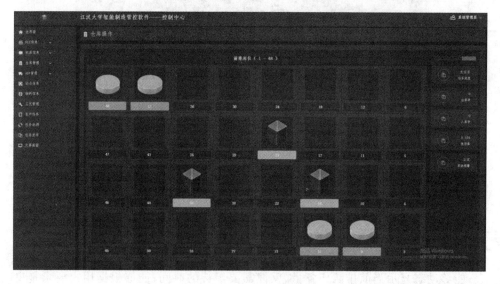

图 2-27　仓储物料信息

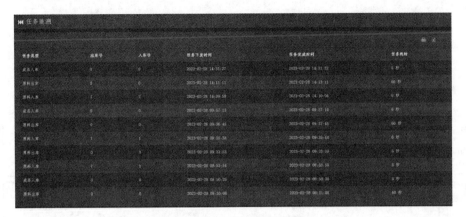

图 2-28　运行信息

图 2-29　全动态实时显示软件界面

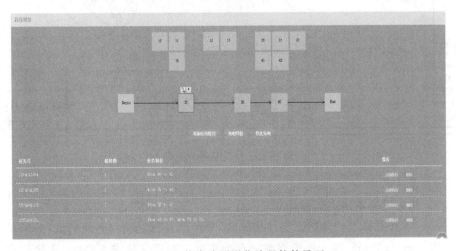

图 2-30　拖曳式图形化编程软件界面

2.4.5 智能产线典型案例

1. 项目描述

现需生产如图 2-31 所示的指尖陀螺 100 套,共包括 5 种零件,分别是指尖陀螺本体、顶盖、底盖、中间轴和角接触球轴承。其中本体的零件图(见图 2-32),其他零件为外协加工。根据材料完成指尖陀螺本体的智能生产与管控。

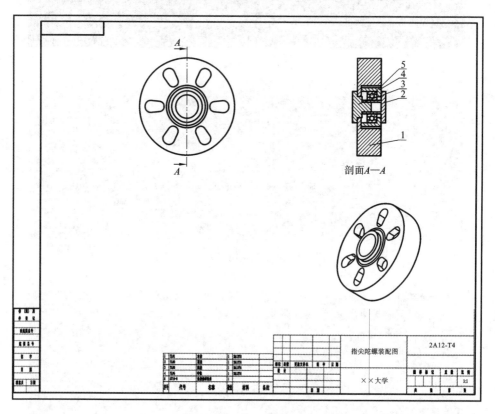

图 2-31　指尖陀螺装配图

2. 任务实施

1)指尖陀螺本体工艺设计

(1)零件图样工艺分析。零件由圆孔、异形槽、圆形型腔、平面构成,外形尺寸为 $\phi60$ mm×15 mm,属于外形规整的盘类零件。对尺寸要求不高,要求轮廓表面粗糙度为 $Ra6.3$ μm,圆形型腔表面粗糙度为 $Ra1.6$ μm。

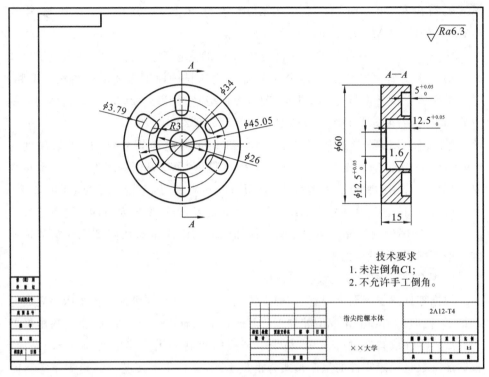

图 2-32　指尖陀螺本体零件图

（2）零件毛坯的工艺性分析。毛坯料尺寸为 ϕ60 mm×18 mm，圆棒料两端面平整、圆柱面与两端面垂直，两端面不需要加工，这些面可作为定位基准。零件毛坯的材料为 2A12-T4，切削性能较好。

（3）选用设备。指尖陀螺本体零件选用卧式数控车床和三轴控制两轴联动立式数控铣床，其中后者可采用 VMC1000L 立式加工中心。

（4）确定装夹方案。

① 定位基准的选择：加工圆形型腔及异形槽，以左端面为定位基准。

② 夹具的选择：由于指尖陀螺本体零件小、外形规整，只需加工异形槽及圆形型腔。数控车削加工时，选用自定心卡盘定位夹紧；在加工中心上加工异形槽及圆形型腔时，选用可装夹圆柱面的平口钳定位夹紧。

（5）选择刀具及切削用量。

① 车削外轮廓刀具选择。因车削的外廓为平面，所以在粗加工时，选择车刀的型号为 PCLNP2020K12，刀片型号为 CAMG120412-DR，刀片牌号为

YBC252；在精加工时，选择车刀的型号为 PCLNR2020K12，刀片型号为 CAMG120408-DM，刀片牌号为 YBC252。

② 铣型腔刀具选择。选用 3 齿、ϕ10 mm 的高速钢立铣刀，切削深度为 12.5 mm，分 7 次铣削。先粗铣型腔，分 6 次铣削，每次铣削深度为 2 mm；再精铣型腔。选用的粗铣立铣刀型号为 AL2E-D10.0，刀柄型号为 BT40-ZC20-100，选用的精铣立铣刀型号为 AL-3E-D100，刀柄型号为 BT40-ZC20-100。

③ 铣异形槽刀具选择。选用 3 齿、ϕ3 mm 的高速钢立铣刀，切削深度为 5 mm，分 11 次铣削。先粗铣异形槽，分 10 次铣削，每次铣削深度为 0.5 mm，再精铣异形槽。选用的粗铣立刀型号为 AL2E-D3.0 立铣刀，刀柄型号为 BT40-ZC20-30，选用的粗铣立铣刀型号为 AL-3E-D3.0 立铣刀，刀柄型号为 BT40-ZC20-30。

④ 切削用量的选择。指尖陀螺本体加工的切削用量参数同 2.4.3 章节顶盖加工的切削用量参数，见表 2-4。

2）智能制造加工单元设备的选择

根据零件的加工要求，指尖陀螺本体是盘类零件，需在卧式数控车床上完成轮廓加工，在加工中心上完成型腔加工。陀螺顶盖及轴承为外协加工，上下料由机器人完成。零件放置在立体库中，整个生产线的控制采用主控单元和 MES 完成。根据加工数量确定零件的生产模式为批量生产，结合生产工艺搭建指尖陀螺智能制造加工生产线，需一台卧式数控车床、一台加工中心、三台六轴工业机器人、一个检测/打标/装配工作站、一个立体仓库和一台装载主控单元的计算机。指尖陀螺智能制造生产线搭建如图 2-33 所示。

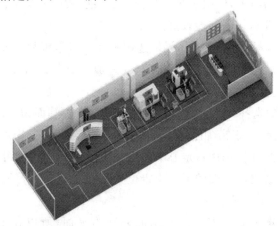

图 2-33　指尖陀螺智能制造生产线搭建

指尖陀螺智能制造加工单元生产流程,如图 2-34 所示。

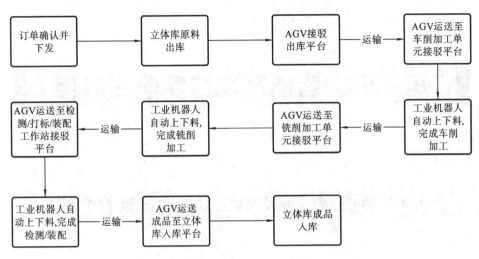

图 2-34 指尖陀螺智能制造加工单元生产流程

第3章 智能产线数字孪生应用

3.1 智能产线数字孪生虚拟调试软件介绍

3.1.1 软件基本介绍

智能产线数字孪生虚拟调试软件(以下简称虚拟调试软件)支持智能产线运动流程仿真、编程调试和数字孪生可视化展示；支持在虚拟环境中进行产线布局搭建、产线装备与工艺流程的仿真、PLC编程仿真调试、机器人编程仿真调试等。该软件可以帮助学习者提前掌握设备相关知识和技能，在虚拟环境中对设备平台运行流程的逻辑关系进行验证。

3.1.2 软件工作界面介绍

虚拟调试软件工作界面包括主菜单、快速工具栏、功能区、场景视窗、侧边栏、编辑窗口等，如图3-1所示。

（1）主菜单：点击软件图标，可以扩展显示带有附加功能的弹出菜单，在此可对文件进行打开、保存等一些基础操作。

（2）快速工具栏：包括打开、保存等最常用的工具，点击"重置"，可以回到初始打开的状态。

（3）功能区：功能区以选项卡形式组织，分为5个主要功能界面，每个界面下都包含一系列的面板。

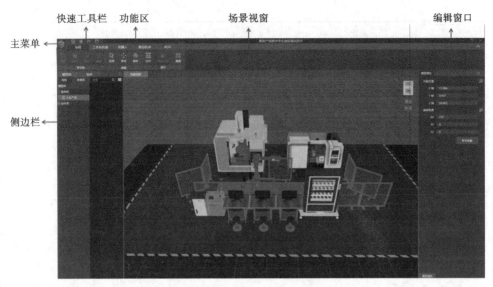

图 3-1　虚拟调试软件工作界面

（4）场景视窗：即用户建立场景文件以及进行模型搭建的区域。

（5）侧边栏：包含案例库、模型组件和项目树，可进行复制、粘贴等。

（6）编辑窗口：随着功能区面板的激活状态以及场景视窗文件的变化而发生相应的变化，具体呈现的内容与选择的命令有关。

3.1.3　软件通用基础操作

1. 快捷操作说明

虚拟调试软件快捷操作说明见表 3-1。

表 3-1　快捷操作说明

图　　标	功　　能
	左键单击选择，双击打开目录
	右键单击展开选项，长按以屏幕下边为中心点旋转视角

续表

图 标	功 能
	中键滑动缩放视角,长按平移视角
W A S D	按"A""D"表示左右移动视角,按"W""S"表示上下缩放视角
F	快速地视角平移到模型前面
Alt ＋	Alt＋左键以屏幕中心为中心旋转视角
Alt ＋	Alt＋右键慢速平移缩放视角
Ctrl ＋ Z	撤销操作
Ctrl ＋ Y	恢复操作

2. 加载模型搭建智能产线场景

在侧边栏的模型库中,选择需要的模型加载到场景视图中。选中模型后双击鼠标左键或者单击右键点击"在场景中加载",然后在场景视图中用左键单击任意一点,完成模型加载。

在场景搭建过程中,可以根据需要进行模型位置调整、模型节点移动、模型对齐和距离测量等操作。

3. 配置仿真容器

虚拟调试软件中的容器是具有输入和输出信号,并能对仿真运动进行抽象封装的一种功能模块,分为对象容器与程序容器两种类型。

对象容器用来实现模型的机械运动,主要用于对场景中的电气元器件或机械执行机构进行配置,配置完成的模型才能完成机械仿真运动。

程序容器用来控制设备的一系列运动,实现对工业机器人和数控机床的仿真运行的控制,包含工业机器人程序容器、数控车床程序容器和加工中心程序容器。

对象容器和程序容器配置的具体操作详见软件手册。

4. 配置数控机床控制器

数控机床控制器用于连接虚拟控制系统,实现对机床的控制,包括数控机床刀具安装、刀具参数设置以及数控机床的手动控制。软件支持的机床包括数控车床和加工中心。配置数控机床控制器流程如下。

（1）连接数控机床虚拟控制器

打开数控机床界面,右侧弹出连接对话框,将连接对象选择为"车床/加工中心"。

（2）数控机床刀具安装

在刀盘对应的下拉框中选择对应机床刀库,点击"设置",进入装刀界面。首先点击需要使用的刀具,然后点击刀盘中装刀的位置即可完成装刀,点击"导入",可退出装刀界面。

（3）数控机床手动控制

首先点击数控面板按钮,在面板上选择机床运动的 X 轴、Y 轴或 Z 轴;然后选择轴的运动倍率,数值越大倍率越大,运动的速度就会越快。点击"＋"或"－",可控制轴的前进或后退。

5. 数控机床程序的编写、导入及测试

点击"数控机床程序",选择"车床或加工中心程序",在右侧对话框中对程序进行命名。可以直接输入程序,也可从计算机中导入程序。导入后的程序显示在文本框中,点击"测试",可对数控机床程序进行测试。如果测试程序存在错误,会显示具体的错误信息,可根据提示的具体信息对程序进行更改。

6. 配置 AGV 功能

AGV 功能配置主要包括创建 AGV 控制器、创建 AGV 地标和绘制 AGV 路径。

AGV 控制器可以指定 AGV 运动范围、创建 AGV 地标和充电桩、绘制 AGV 路线,一个控制器可以对应多个 AGV 且 AGV 线路共用。创建 AGV 控制器时,需要先在 AGV 界面点击"电磁感应引导",然后将控制器区域选择为"地板"。

创建 AGV 地标,用于明确 AGV 具体的工作位置。修改模型位置属性或拖动AGV 到达目标位置,点击"创建地标",系统就自动创建一个地标在"地板"上。地标属性包括过渡点和对接点两种,只有 AGV 运动到对接点之后,AGV 上方传动带才能运动。

绘制 AGV 路径,用作 AGV 的移动路径。在绘制时,首先根据 AGV 的运动逻辑选择路径绘制的方式,然后开启"路径绘制"开关,用鼠标左键单击创建完成的地标,将其拖动到另一个地标处,完成线路的连接。

3.2 智能产线虚拟构建及调试

现以车铣混合加工智能产线为例,介绍如何利用虚拟调试软件进行虚拟构建及调试,其主要流程包括:

(1)智能产线场景搭建。

(2)数控车床自动化生产虚拟调试。

(3)加工中心自动化生产虚拟调试。

(4)智能产线整体生产调试。

3.2.1 智能产线场景搭建

智能产线场景搭建的实施步骤如下。

(1)新建场景。

(2)加载产线所需设备模型。

在"布局"→"案例库"→"模块"中分别找到数控车床、五轴加工中心、工业机器人、机器人夹具快换台、单元料仓、定位台6个模型,分别加载到场景中。

(3)根据产线设备布局图调整设备模型布局。

选择场景视图中的模型,移动其位置,参照提供的布局图进行合理的布局,要求所有模型尽量贴合地面。

3.2.2 数控车床运行调试

使用虚拟数控车床完成装刀与刀补设置,并将待加工程序导入软件,完成手动试切加工调试。数控车床运行调试需要完成数控车床容器配置、装刀、设置刀补、导入加工程序、创建程序容器、装夹毛坯、仿真加工等步骤。具体实施步骤如图 3-2 所示。

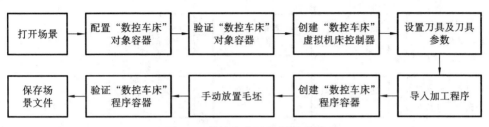

图 3-2　数控车床运行调试步骤

3-1　虚拟数控　　3-2　虚拟　　3-3　数控　　3-4　数控车床
机床的仿真运动配置　数控机床装刀　车床对刀操作　加工程序应用调试

3.2.3　加工中心运行调试

加工中心运行调试与数控车床运行调试步骤基本一致,区别在于对象容器和虚拟机床控制器应设置为加工中心,同时应结合加工中心待加工工件特征配置所需刀具及刀具参数。具体实施步骤如图 3-3 所示。

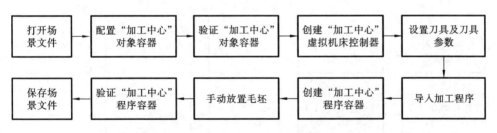

图 3-3　加工中心运行调试实施步骤

3.2.4　机器人取夹具调试

通过虚拟点位示教完成机器人编程,通过逻辑连线实现机器人从原点出发并在拾取夹具后返回原点的虚拟调试,具体实施步骤如图 3-4 所示。

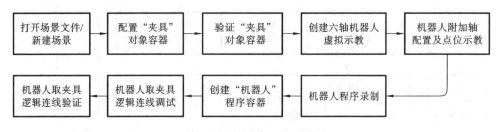

图 3-4　机器人取夹具调试步骤

3-5　工业

机器人点位示教

3-6　工业

机器人对象容器配置

3-7　虚拟

机器人运行调试

3.2.5　数控车床机器人上下料调试

在虚拟调试软件中编写机器人程序,完成机器人夹取工件毛坯后送到数控车床卡盘处等待加工和机器人取成品放回料仓后返回原点的流程调试。具体实施步骤如图 3-5 所示。

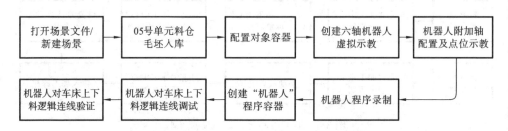

图 3-5　数控车床机器人上下料调试步骤

3-8　机器人-车床

上下料流程

3-9　机器人上下料

程序容器配置

3.2.6　加工中心机器人上下料调试

在虚拟调试软件中编写机器人程序,完成机器人夹取待
加工工件毛坯后送到加工中心卡盘处等待加工和机器人取成
品放回料仓后回原点的流程调试任务。具体实施步骤如图 3-6 所示。

3-10　机器人-加工
中心上下料流程

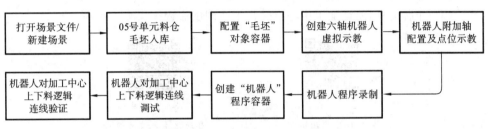

图 3-6　加工中心机器人上下料调试步骤

3.2.7　数控车床自动化生产调试

通过信号配置操作,对工业机器人与数控车床程序容器之间的信号进行连接,
并虚拟完成工件的自动化生产流程,具体实施步骤如图 3-7 所示。

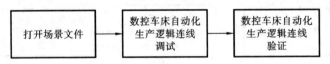

图 3-7　数控车床自动化生产调试步骤

（1）打开场景文件。

（2）进入信号配置视图,将"机器人"程序容器中加工程序的
开始及结束信号分别由寄存器连接到"数控车床"程序容器上。

（3）开启仿真,验证数控车床自动化生产调试流程。

3-11　数控车床
自动化生产调试

3.2.8　加工中心自动化生产调试

通过信号配置操作,对工业机器人与加工中心程序容器之间的信号进行连接,
并虚拟完成工件的自动化生产流程,具体实施步骤如图 3-8 所示。

（1）打开场景文件。

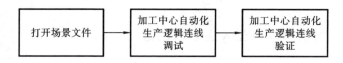

图 3-8 加工中心自动化生产调试步骤

（2）进入信号配置视图，将"机器人"程序容器中加工程序的开始及结束信号分别由寄存器连接到"加工中心"程序容器上。

（3）开启仿真，验证加工中心自动化生产调试流程。

3-12 加工中心

加工程序应用调试

3-13 加工中心

自动化生产流程运行

3.2.9 智能制造切削单元生产调试

在完成数控车床和加工中心自动化生产调试的基础上，对数控车床自动化生产调试和加工中心自动化生产调试进行连接。具体实施步骤如图 3-9 所示。

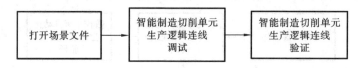

图 3-9 智能制造切削单元生产调试步骤

（1）打开场景文件。

（2）进入信号配置视图，将数控车床自动化生产调试的结束信号和加工中心自动化生产调试的开始信号进行连接。

（3）开启仿真，验证智能制造切削单元生产调试流程。

3.3 智能产线虚-实互联

虚拟调试软件支持与实物设备进行连接，连接完成后，虚拟调试软件将获取实物设备的数据,通过实物设备的数据可以控制仿真设备的运动。能够进行虚-实互联的设备包括智能产线中的数控机床、机器人以及 PLC。

3.3.1　互联通信准备

虚拟调试软件连接智能产线的设备时,需要保证计算机和待连接设备处在同一个网段。将计算机和设备连接到同一个交换机上,修改计算机 IP 地址,再按下 Win 键＋R 键,输入"cmd",ping 一下机床地址,未出现丢失数据的情况则通信正常,网络测试如图 3-10 所示。

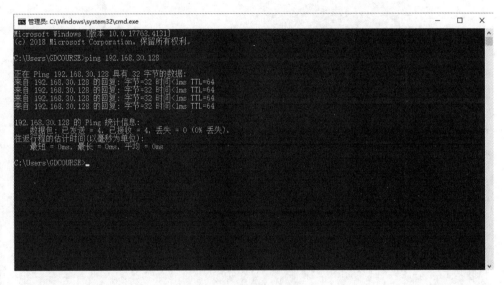

图 3-10　网络测试

以管理员身份运行"serverwindow",显示网络初始化成功,表明适配器开启成功,如图3-11 所示。

接着以管理员身份运行"DCAgent",在 IP 地址栏输入机床 IP,端口栏输入"10001",本地数据库和远程数据库填写"1",后续还有机床就填写"2",以此类推。配置完成之后点击"保存"按钮,再关闭软件重新打开,待本地数据库和远程数据库界面变为绿色,表明已经连接上机床,如图 3-12 所示。

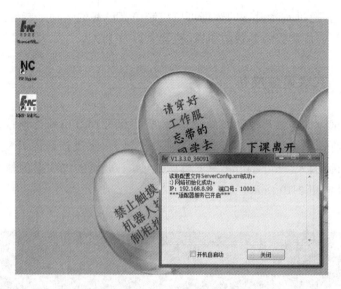

图 3-11　适配器开启

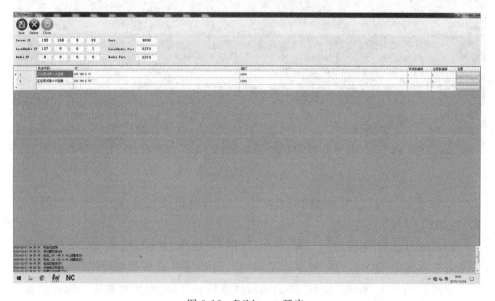

图 3-12　DCAgent 开启

3.3.2　数控机床连接

打开虚拟调试软件,在工作站仿真界面中找到"连接",单击"数控车床"图标,创建数控车床连接,如图 3-13 所示。

图 3-13　数控车床连接

在弹出的"数控车床"对话框中进行参数配置。适配器 IP 在开启适配器时会显示,适配器端口号为"9090";数控车床 IP 地址为 DCAgent 中配置的 IP 地址,数控机床端口号为"10001"。具体参数如图 3-14 所示,配置完成之后点击"连接"按钮。

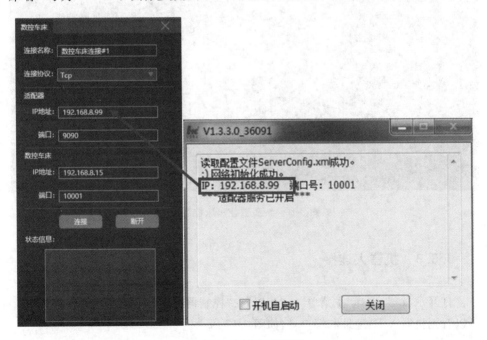

图 3-14　通信连接配置

切换到数控机床界面,单击"控制器"图标,创建"数控车床"控制器,如图 3-15 所示。

图 3-15 创建数控车床控制器

将控制器系统类型改为真实控制系统,连接对象选择"数控车床",使用的连接选择刚刚创建的"数控机床连接",至此就可通过数控面板控制虚拟机床轴运动。配置数控车床控制器如图 3-16 所示。加工中心连接方法与之相同,输入对应 IP 地址,再选择"加工中心"控制器即可。

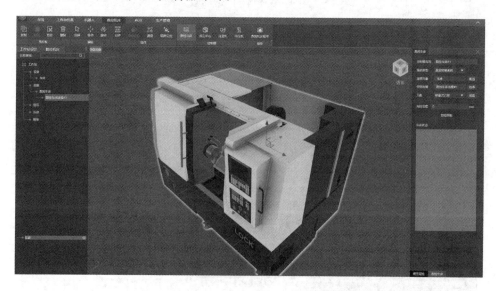

图 3-16 配置数控车床控制器

3.3.3 机器人连接

打开示教器,选择"主菜单"→"配置"→"控制器配置"→"机器人通信配置",就可以看到机器人 IP 地址和端口号,如图 3-17 所示。

以华数机器人为例,找到机器人的 IP 地址和端口号后,在软件中点击"工作站仿真"→"机器人"→"华数机器人连接",在右边弹出的"机器人连接"对话框中输入控制器的 IP 地址和端口号,输入完成之后点击"连接"按钮即可,如图 3-18 所示。若显示"已连接",则表示已经连接到机器人控制器。

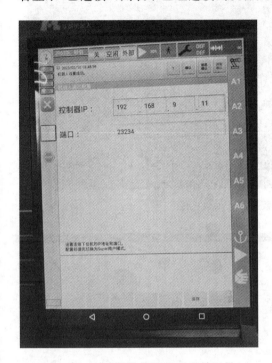

图 3-17　查看机器人 IP 地址和端口号

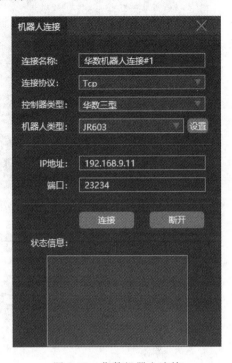

图 3-18　华数机器人连接

切换到"机器人"界面,点击"示教连接"→"华数机器人示教",在弹出的"示教连接"对话框中,"使用的连接"选择刚刚创建的"华数机器人连接","连接的对象"选择"机器人带导机",显示机器人轴数据即成功连接,如图 3-19 所示。如果需要用示教器控制虚拟机器人运动而实物机器人不运动,可以点击"切换虚拟轴"按钮,重启机器控制柜可切换回实体轴。

3.3.4　PLC 连接

在通信连接之前,需要在设备与网络中找到 PLC 模型,右击打开"属性"选项卡,选择"防护与安全"→"连接机制",勾选"允许来自远程对象的 PUT/GET 通信访问",如图 3-20 所示。

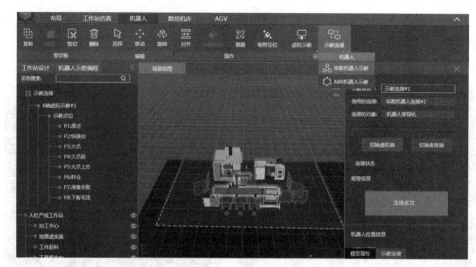

图 3-19　华数机器人示教连接

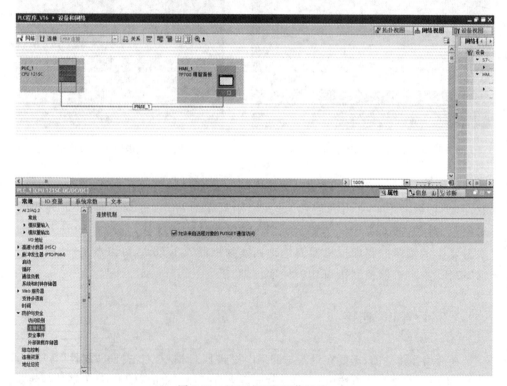

图 3-20　PUT/GET 通信连接

接着打开虚拟调试软件,单击"工作站仿真"→"连接"→"PLC",创建一个西门子 PLC 模型,PLC 的 IP 地址为 PLC 实际地址,端口号为"0",如图 3-21 所示。

图 3-21　PLC 通信连接

第4章 智能产线运行与管理

4.1 运 行 准 备

运行准备是指为了保障生产的正常进行和顺利实现生产作业计划所进行的各项准备工作。智能制造系统通常是可用于生产多种产品的柔性化生产系统,在面对不同的用户需求时应能够尽快完成系统状态与产品生产要求的匹配。因此智能制造系统的生产准备在很大程度上也是根据柔性化的生产需要来进行的,具体包括设备准备、工具准备以及物料准备等。

4.1.1 设备准备

设备准备主要是将智能制造产线中的所有设备调整至能够开始生产的状态,包括将所有设备开机,更重要的是将设备之间的信息交互通道打通,使这些设备都不再是一个个孤立的个体,而是能够通过信息和数据驱动的一个整体系统。

智能制造产线中的核心设备通常包括数控加工设备、工业机器人、立体仓库、AGV、测量类设备、清洗类设备以及可能存在的专用设备等。设备准备过程中需要对所有参与生产的设备状态进行核实确认,通常包括:

(1) 各设备是否已正常开启,相关的电、液、气等资源是否符合要求。

(2) 各设备的初始状态是否正常,包括机械部件的位置姿态是否正常,各面板显示内容是否完全且准确,各状态指示灯是否正常。

(3) 各设备润滑系统是否运行正常,管路是否清洁通畅。

(4) 设备工作程序确认,包括程序是否正确,运行状态是否正常。

（5）各设备工作模式选择是否正确，尤其要注意单机/联机、手动/自动的选择等。

（6）各设备的网络连接是否正常。

（7）产线总控交互流程是否启动、服务运行状态是否正常等。

此外，应同步对部署在智能制造产线中的工业软件进行运行前的初始设定。这些软件通常包括 MES、数据采集与监视控制（supervisory control and data acquisition，SCADA）系统、高级计划与排程（advanced planning and scheduling，APS）系统、仓库管理系统以及 AGV 调度系统等。不同的用户也可能会根据自身实际情况配置一些其他类型的工业软件，用于保障智能制造产线的正常运行。

设备准备过程中，务必结合具体设备或工业软件的使用操作要求逐一进行核对确认。如有必要还可根据需要在小范围内进行试运行，以确认设备能够正常工作。

4.1.2　工具准备

智能制造产线生产前的工具准备要结合产线运行保障需要和拟生产订单产品类型，若涉及个性化定制产品，还需提前完成相应工艺设计，并完成相关刀具、夹具的配置。工具准备通常需要进行确认与核实的内容包括：

（1）夹具的种类和数量与待加工产品是否匹配、夹具是否安装到位、夹具能否正常动作、夹具工作有无异常、需要在使用中更换的夹具等相关。

（2）料盘/料箱与待加工产品是否匹配、数量是否足够等，存在差额则需补齐后方可开始生产。

（3）刀具与工艺文件的要求是否匹配、刀具是否完好以及是否安装到位。

（4）用于现场维修的常规工具是否备齐。

4.1.3　物料准备

智能制造产线生产前的物料准备主要是订单产品所需原材料的准备。在生产前物料准备阶段需确认的内容包括：

（1）原材料质量是否合格。

（2）各加工单元线边库内是否存储有未使用的原材料，若有，则需核实原材料种类和数量是否与系统内记录的一致。

（3）立体仓库各库位是否存储有未使用的原材料，若有，则需核实原材料种类和数量是否与系统内记录的一致。

（4）计划用于该批次订单生产的原材料种类和数量是否足够。

<h1>4.2 订单管理</h1>

<h2>4.2.1 订单导入</h2>

智能制造产线的订单导入通常是通过 MES 来完成的，MES 导入订单的常用方式包括从 ERP 系统获取订单、从数据文件导入订单、在 MES 中手动录入订单。若涉及需要进行现场个性化设计的订单，MES 应集成提供直观且易操作的设计平台。

若智能制造产线部署实施 MES 时已经通过与 ERP 相互开放接口，实现了分层计划管理流程在 ERP 和 MES 之间的整合，则可以实现订单从 ERP 系统向 MES 的自动传输。如未能实现 ERP 与 MES 的集成，MES 通常会采用从数据文件导入订单的方式，数据文件一般采用 Excel 文件的格式，MES 会设定好一个 Excel 模板文件，只要提供的订单数据文件符合模板要求，就可以将订单顺利导入 MES。

面向实践教学的智能制造产线通常未实现与 ERP 系统的集成和数据对接，在这种情况下可以采用手动录入的方式来完成订单录入。不同厂家的 MES 订单录入操作各异，现以华中科技大学智能制造产线 MES 为例介绍订单录入和个性化订单设计过程。

图 4-1 所示为 MES 订单录入操作界面。进入"订单录入及删除"界面后，选择"产品物料编码"，填入数量，选择"计划开始时间"和"计划结束时间"，填入"优先级"，之后点击"保存"即完成订单录入。

图 4-2 所示为涉及自定义产品订单的设计和录入操作界面。进入"个性化选配"界面后，选择"产品种类"，填入"优先级"，选择需要添加的工艺过程，上传个性化自定义加工代码，完成打标图文设计，之后点击"订单录入"按钮即完成自定义产品订单录入。

图 4-1　MES 订单录入

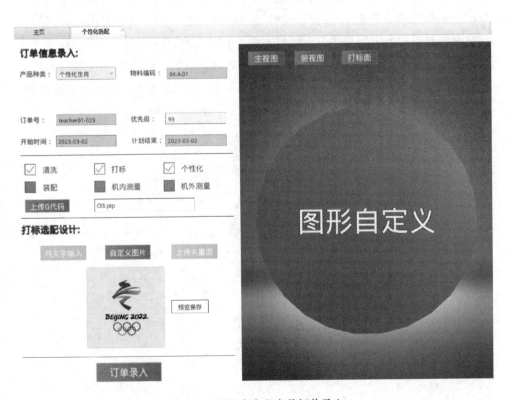

图 4-2　MES 自定义产品订单录入

4.2.2　订单排程及下发

智能制造产线订单排程可以采用人工手动排程,也可以采用 APS(高级计划与排程)排程。

人工手动排程通常需要生产计划制订人员对订单产品非常熟悉,对相关资源要求完全清楚,并能够熟练掌握智能制造产线中各生产设备的节拍配比,才能够提出相对合理的排程结果。

对于集成有 APS 的智能制造产线,则可以直接使用 APS 进行排程。现以华中科技大学智能制造产线为例介绍订单的 APS 排程操作。

进入排程界面(见图 4-3)后,可以看到全部未下发的订单,进行排程之前需要根据这些订单通过信息同步操作生成对应的排程工单。进行工单排程时可以选择顺序分配排程或者智能分配排程,同时还可以结合生产设备状态自由选择确定参与排程的设备。若采用顺序分配排程方式,则不用考虑生产优先级,直接按照工单列表排序安排生产;若采用智能分配排程方式,则 APS 会结合生产设备状态及工单具体情况将工单合理分配至各生产设备资源组,并给出所有工单的生产优先级。

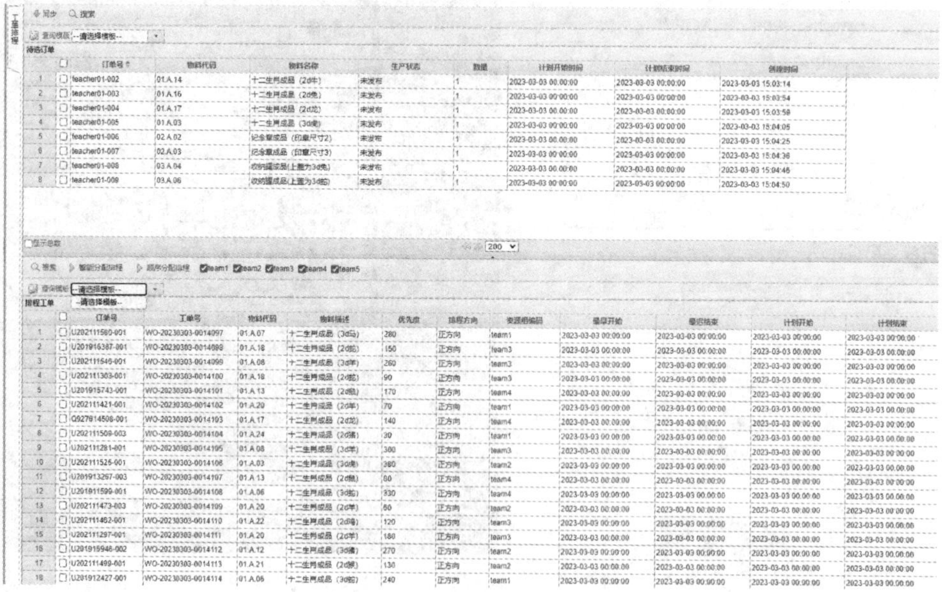

图 4-3　APS 排程界面

工单排程结束后,可以通过资源甘特图了解智能制造产线的资源配置及其与生产计划安排之间的关联关系,便于从时间上对生产进度进行整体把控。最后只需要发布工单即可正式进入生产环节。

4.3　生产跟踪与管理

生产跟踪是生产控制的基础,只有做到对生产过程的全面了解,才能掌握和控制生产的执行情况。生产跟踪不是简单地对生产过程进行监控和数据记录,而是要将生产的各个环节全面关联起来,建立起生产过程的关系网,从整个生产系统的角度去跟踪和管控生产情况。

4.3.1　生产现场巡视跟踪

智能制造产线生产现场巡视跟踪主要通过巡查生产现场状态指示灯和相关看板来判断生产是否按计划正常进行。若现场发生异常,则会通过声光报警等方式发出提醒,现场巡视人员可以及时进行处理。现场巡视跟踪的主要状态提示装置包括产线运行指示灯、各设备工作状态指示灯、各传感器状态显示、产线控制系统状态显示界面、现场监控装置、现场生产看板等,相关典型场景如图 4-4 至图 4-7所示。

图 4-4　产线运行状态指示灯

图 4-5　设备工作状态指示灯

图 4-6　现场传感器状态显示

图 4-7　生产看板及监控

4.3.2　网络端可视化跟踪

网络端可视化跟踪订单生产主要依托各种看板呈现出来的生产场景来判断整体生产情况。智能制造的过程可视化可以帮助生产管理人员及时发现生产过程中出现的问题。

图 4-8 所示为智能产线中控 PCT(投影式电容技术)看板,通过此看板,可以了解整体生产进度、各小产线承担的生产任务及完成情况、质量检测结果、设备状态等,同时还可以根据需要切换生产现场的实时监控画面。

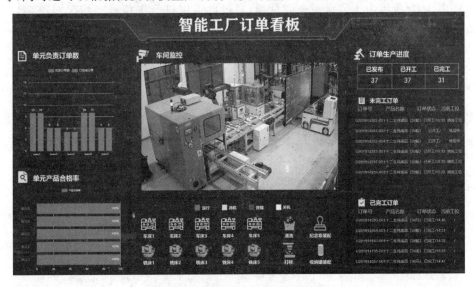

图 4-8　智能产线中控 PCT 看板

图 4-9 所示为订单查询页面,通过此页面既可以全面了解所有订单的开工和完工情况,又可以通过查询订单号来了解每个订单详情。

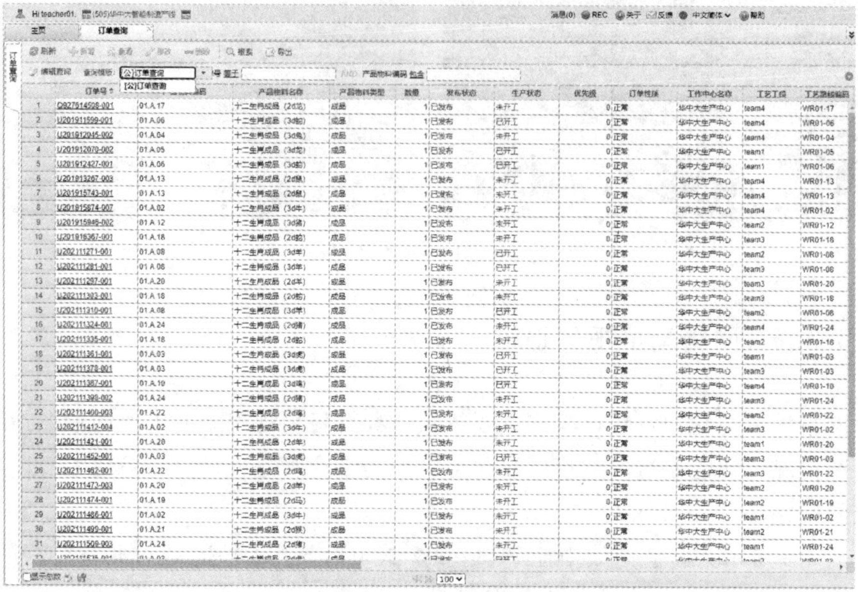

图 4-9　订单查询页面

图 4-10 所示为工位派工查询页面,通过此可以进行工位派工情况跟踪,对所有订单对应的工单和派工单状态进行了解。

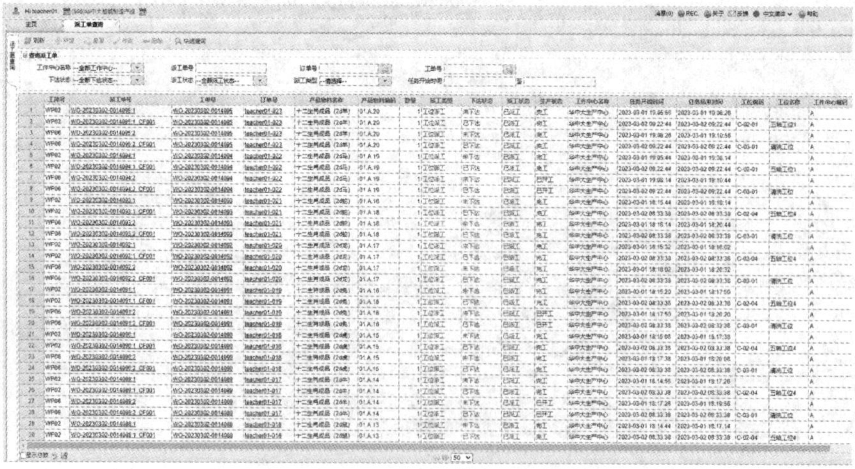

图 4-10　工位派工查询页面

图 4-11 所示为 AGV 调度界面,通过此界面可以实时了解两台 AGV 的工作状态、当前任务及目的地、位置、速度、电量、网络连接状态等信息。

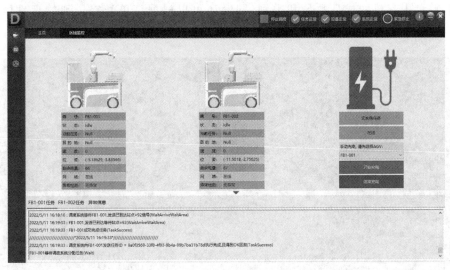

图 4-11　AGV 调度界面

图 4-12 为 AGV 任务查询界面,通过此界面可以查询产线内部实时存在的物流配送信息,包括已分配和待分配任务,还可以查询已结束配送任务。

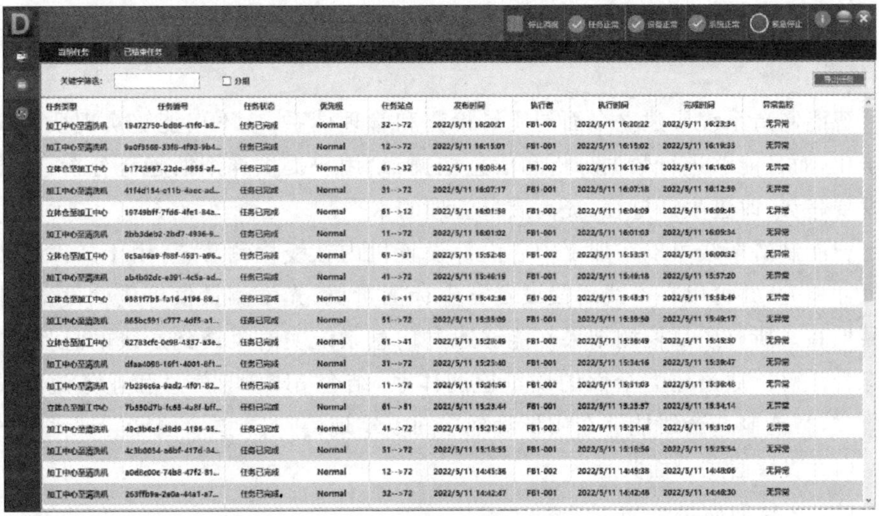

图 4-12　AGV 任务查询界面

图 4-13 所示为立体仓库实时看板,通过此看板可以实时获取立体仓库的库位状态、存储的物料信息等。若库存中有成品物料,则能直观展示料盘所在仓位、料盘中存放的成品数量和类别,同时还可以根据订单号定位到料盘具体孔位,实现存储信息的全面、实时可视化。

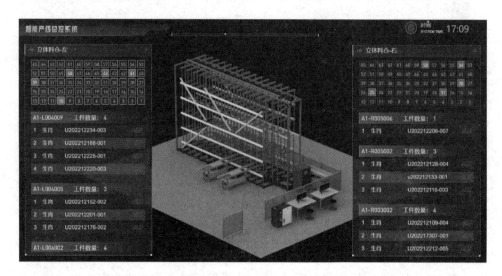

图 4-13 立体仓库实时看板

4.3.3 质量管理

智能制造系统应建立全面的质量检测和管理体系,应不仅能够实现质量文档电子化,而且能够进行数据分析和信息挖掘,给用户提供详细的趋势分析,帮助用户发现趋势,改进生产过程,提高质量管理的水平。

智能制造产线可以在加工中心内部设置机内在线检测装置,用于加工过程中的尺寸检验,并可以在产线后段设置三坐标测量机、光学测量仪等质检设备,用于成品检验。所有质量检测结果都能够通过信息系统实时反馈到产线的总控,并进行综合汇总。通过建立全面的质量检测体系,结合 MES 的信息和业务流程的高度集成,智能制造产线能够在质量管理层面上实现:

(1)质量信息全面共享。

(2)正反向质量追溯。

(3)直观高效可视化管理。

（4）实时特性监控、异常报警。

（5）根据真实准确的数据对机器和工艺进行科学的调整和改进。

（6）核心质量数据自动汇总和统计。

通过可视化看板可以了解批量订单在生产过程中的整体质量表现，如图 4-14 所示。同时，还可以通过质量汇总表了解详细的质量检测信息，如图 4-15 所示。

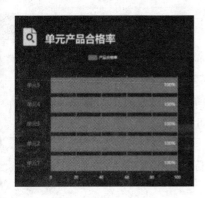

图 4-14 质量信息可视化

图 4-15 质量汇总表

对于生产过程中的不合格品处理,通常可以在 MES 中集成不合格品管理功能,对原材料、半成品和成品检验过程中产生的不合格品进行处置与统计管理。同时应结合具体产品的特点和质检要求设置相应的处置流程,一旦系统发现存在不合格品,自动生成处置任务。处置流程也可以灵活设置。

4.3.4 看板分析

智能制造产线的电子看板以物联网、工业大数据、数字孪生等相关技术为基础,通过各类传感器、RFID 等装置,采集生产过程中的物料、设备、能耗、物流等相关数据,经过智能化数据生成系统整合后,提供给系统管理人员进行数据分析。

通过电子看板系统,生产管理人员能够实现如下目的:

(1) 实时获取各产线的生产计划。

(2) 实时了解订单生产相关资源的配备及实际使用情况。

(3) 实时掌握相关产量数据。

(4) 及时发现现场异常状况,实时跟踪异常问题的处理过程及复产进度。

(5) 统计并分析产品质量情况、能耗数据及生产效率。

(6) 对异常现象频次进行统计分析并提出改善措施。

参 考 文 献

[1] "新一代人工智能引领下的智能制造研究"课题组.中国智能制造发展战略研究[J].中国工程学,2018,20(4):1-2.

[2] 仝永刚,陈贤胜,谢炜,等. 先进制造技术教学改革思考[J]. 教育现代化,2020,3：54-55.

[3] 黄长清.智慧武汉[M].武汉:长江出版社,2012.